Oscar Eduardo Acevedo Pérez
Melanie Jisell Quiroz Medina

Diagnóstico de cultivos mediante agricultura de precisión

Oscar Eduardo Acevedo Pérez
Melanie Jisell Quiroz Medina

Diagnóstico de cultivos mediante agricultura de precisión

Adquisición y procesamiento de imágenes para diagnóstico de cultivos mediante aplicaciones de agricultura de precisión

Editorial Académica Española

Imprint
Any brand names and product names mentioned in this book are subject to trademark, brand or patent protection and are trademarks or registered trademarks of their respective holders. The use of brand names, product names, common names, trade names, product descriptions etc. even without a particular marking in this work is in no way to be construed to mean that such names may be regarded as unrestricted in respect of trademark and brand protection legislation and could thus be used by anyone.

Cover image: www.ingimage.com

Publisher:
Editorial Académica Española
is a trademark of
International Book Market Service Ltd., member of OmniScriptum Publishing Group
17 Meldrum Street, Beau Bassin 71504, Mauritius
Printed at: see last page
ISBN: 978-620-2-81170-5

Este trabajo se lo dedico a mis padres y hermanos, por todo el apoyo incondicional, la paciencia y la fortaleza que me brindaron para alcanzar este logro en mi vida, desde lo más profundo de mi corazón, Gracias.

Oscar Acevedo

Dedico este proyecto a mi familia, en especial a mis padres, ya que gracias a ellos y a todo su respaldo han logrado construir la persona que soy hoy en día y a terminar con absoluta satisfacción este gran logro en mi vida.

Melanie Quiroz

AGRADECIMIENTOS

Los autores expresan sus más sinceros agradecimientos a:

Primeramente a Dios, por tantos favores recibidos, por fortalecer nuestro corazón, acompañarnos siempre en los momentos más difíciles, llenándonos de paz y tranquilidad, por iluminar nuestra mente, por ser nuestro guía, por darnos fortaleza y esperanza para continuar adelante a pesar de todos los obstáculos y dificultades que se presentaron durante tantos largos días de estudio, por estar siempre con nosotros.

A nuestros padres por brindarnos estabilidad emocional y económica; por su apoyo incondicional; sus consejos y paciencia; sin ustedes este logro no sería posible.

A nuestros hermanos, por darnos fortaleza y apoyo en el transcurso de la carrera.

Al Ing. Eduardo Avendaño, por su enorme preocupación en la búsqueda de proyectos para beneficio de los estudiantes, sus buenos consejos y quien nos enseño que para lograr un sueño solo hay que ser perseverantes.

Al Ing. Juan Mauricio Salamanca por su apoyo y respaldo, a la Ing. Liliana Samaca por sus buenos consejos y enseñanzas que nos fortalecieron para culminar este proyecto.

Al Ing. Fredy Alexander Suárez, quien nos ayudo a orientar y fortalecer nuestros conocimientos para el desarrollo exitoso de este proyecto.

Al grupo de investigación DSP por su acompañamiento y a la línea de investigación Tecnología Agropecuaria por su apoyo.

A nuestro director de proyecto, el Ing. Andrés Jiménez, por su colaboración, dedicación y estímulo.

CONTENIDO

LISTA DE TABLAS

LISTA DE APENDICES

LISTA DE ANEXOS

Pág.

RESUMEN

Como solución a los inconvenientes que presenta el uso de las imágenes satelitales en áreas agrícolas pequeñas, se considera en el presente proyecto el desarrollo de un sistema capaz de adquirir, analizar y almacenar información fenológica para realizar el diagnóstico de un unidad productiva agrícola con captura de imágenes aéreas por medio de un aeromodelo no tripulado, que permita minimizar costos de operación, obtener una resolución adecuada del campo y un rango de visión mayor sobre un área específica, de forma tal, que se pueda identificar la variabilidad del terreno y ciertas condiciones fenológicas presentes. Por tal motivo, se plantea la necesidad de emplear un helicóptero de aeromodelismo, por sus condiciones de vuelo y maniobrabilidad aérea, permitiendo navegar en cualquier dirección, hacer despegue vertical y permanecer suspendido en un punto fijo. Para minimizar las distorsiones de las imágenes adquiridas por la posición y postura del helicóptero, es necesario que el aeromodelo utilizado esté dotado de un giroscopio y establecer puntos de control en tierra.

Al helicóptero de aeromodelismo se le acondicionaron dos cámaras (una en el espectro visible y la otra en el infrarrojo cercano), que permitirán adquirir la información deseada para el procesamiento. Adicionalmente, se utiliza un sistema GPS con corrección diferencial en campo, con el fin de establecer la posición del helicóptero, interpretar y analizar los segmentos de terrenos o cultivos y permitir establecer la ubicación de las imágenes adquiridas.

Palabras Claves: Agricultura de Precisión, Procesamiento de imágenes, Aeromodelos, Teledetección, Cámaras, Software Libre, Sistemas Embebidos, Mapas de Rendimiento, Diagnóstico de cultivos.

1. INTRODUCCIÓN

1.1. DESCRIPCION DEL PROYECTO

Para el desarrollo metodológico de este proyecto, se proponen cuatro fases de ejecución definidas así: revisión de literatura, diseño, implementación y evaluación de resultados. En cada fase se desarrollan actividades secundarias que estructuran la parte funcional del proyecto.

En la revisión de literatura, se busca caracterizar e identificar temáticas relacionadas con las formas y adaptaciones que se deben llevar a cabo para realizar la captura y procesamiento de imágenes aéreas. Además, realizar una contextualización acerca de los tipos y condiciones de estudio que se le debe hacer a un cultivo para hacer el diagnóstico de su estado.

En la etapa de diseño, con la información recopilada y organizada de la etapa anterior, se definen claramente las herramientas e implementos necesarios para llevar a cabo el diseño completo del sistema, basándose en instrumentos asequibles en el mercado. Con respecto al diagnóstico de la unidad productiva, se define el tipo de condiciones que se usan para realizar el procesamiento de imágenes con respecto a la caracterización del cultivo.

Para la implementación, una vez definidos los parámetros para la caracterización del cultivo, las herramientas, métodos en la captura y procesamiento de imágenes, se implementa y desarrolla un algoritmo en software para la elaboración de mapas, que permiten hacer un diagnóstico del cultivo, dando como resultado mapas de crecimiento, desarrollo y rendimiento de la unidad productiva.

Como última fase está la evaluación de resultados, en la que se busca determinar las ventajas y desventajas que se presentan en el diseño e implementación del sistema para adquisición de imágenes y su procesamiento. La forma de diagnóstico de la unidad productiva se evaluará realizando comparaciones del estado fenológico.

1.2. JUSTIFICACION DEL PROYECTO

La Agricultura de Precisión (AP) es un sistema integrado basado en la información del cultivo, que es diseñado para incrementar la eficiencia de la producción, productividad y ganancias; mientras minimiza los impactos sobre la conservación de la vida y el medio ambiente. La AP difiere de la agricultura convencional debido a que permite administrar acciones en campo, permitiendo al agricultor tener una nueva perspectiva del manejo del cultivo donde tome decisiones más racionales del manejo de sus siembras.

Normalmente en el campo de la AP se trabaja con imágenes satelitales para análisis de terrenos. Aunque el satélite base puede detectar inmediatamente la información de un área amplia, la resolución espacial de la imagen (tamaño del píxel) del satélite de productos de bajo costo es de: 1000 m, 500m, 250 m para datos de producto MODIS, 20 m en los productos de Landsat y ASTER, entre otras; de modo tal que esta resolución es de gran tamaño y hace que sea difícil determinar las características de cultivos de segmento y el suelo en una imagen, por su bajo rango por sección y la baja resolución espacial [1]. Es por esto que la información adquirida mediante estos productos no sea adecuada en pequeñas secciones de un campo y en condiciones de nubosidad para la detección del estado de los cultivos, además otros productos satelitales de resoluciones espaciales mayores como 4m (IKONOS) y 1 m (QuickBird) son muy costosos para usuarios corrientes [2]. Aparte de lo anterior, el sistema de imágenes de satélite tiene la desventaja de la gran latencia hasta que los usuarios las obtengan ya sea por el tiempo transcurrido entre la toma de imágenes o por el tiempo que tarda en llegar al usuario. Muchas aplicaciones utilizan los datos proporcionados por los sensores remotos o plataformas móviles para hacer seguimiento y control de variables fenológicas naturales en búsqueda de mejorar el sector productivo y medioambiental.

Con este proyecto, se busca desarrollar una herramienta que facilite el estudio y diagnóstico de unidades productivas agrícolas, por medio de la caracterización e identificación del cultivo, a través de un sistema de adquisición y procesamiento de imágenes que permita generar mapas mediante técnicas de AP, facilitando así el estudio de la variabilidad del suelo por medio del manejo de sitio especifico; con el ánimo de ofrecer una herramienta interesante, dinámica y versátil en el campo de la agricultura, que proporcione una ayuda en la toma de decisiones al agricultor y conlleve a generar mayor rendimiento y mejorar la calidad del cultivo.

1.1. OBJETIVOS

1.1.1 Objetivo general

Diseñar, implementar y evaluar un sistema de adquisición y procesamiento de imágenes adquiridas mediante un aeromodelo para realizar el diagnóstico de una unidad productiva, con aplicaciones en AP.

1.1.2. Objetivos específicos

Identificar los requerimientos del diseño de un sistema de captura y procesamiento de imágenes de teledetección mediante un aeromodelo que permita realizar el diagnóstico de una unidad productiva.

Diseñar e implementar un prototipo para captura de imágenes aéreas a partir de estructuras existentes en el mercado.

Desarrollar un algoritmo en software que permita realizar el diagnóstico y caracterización de la unidad agrícola productiva de estudio mediante el procesamiento de las imágenes de teledetección y una interfaz gráfica de usuario.

2. MARCO TEORICO

En este capítulo se encuentra información correspondiente a conceptos referentes a la agricultura de precisión, sistemas aerotransportados no tripulados, sistemas de teledetección, diagnóstico de cultivos y sistemas embebidos.

2.1 AGRICULTURA DE PRESICIÓN (AP)

La AP inicialmente se utilizó para grandes extensiones de terreno; su desarrollo surgió por la creciente preocupación medioambiental, la necesidad de darle un uso adecuado al suelo, producir alimentos de calidad de manera sostenible y respetuosa con el entorno. Autores como R. Sugiura, et al [2], R. Bongiovanni [3], J. Riquelme, et al [4], F. Medeiros [5], C. González, et al [6], X. Burgos [7], M. Reis et al [8], J. Mulla [9]; definen la AP como un método para estimar, evaluar y entender los cambios que se producen en los cultivos que brinda la posibilidad de aplicar distintos tratamientos a escala local (lotes o secciones) en los mismos; tiene como objetivos: hacer que la producción sea más rentable para los productores; minimizar costos de producción; optimizar el rendimiento y la productividad, reducir su impacto ambiental a través de la precisión y capacidad de controlar la aplicación de semillas e insumos, con dosis justas a las necesidades reales de los cultivos y así reduciendo al mínimo el desperdicio de productos al tratar las malas hierbas, plagas y enfermedades, asegurando que los cultivos reciban los nutrientes adecuados.

La AP persigue la aplicación selectiva o localizada de agroquímicos para obtener beneficios ecológicos y ambientales, mejorando así la gestión de campo obteniendo respuestas satisfactorias en los índices de rendimiento agrícola y eficiencia.

Dado que la AP es un concepto basado en la heterogeneidad, variabilidad del suelo (Ver Apéndice 1) y cultivo, en los factores que influyen en el crecimiento y cosecha; se evita implementar las mismas prácticas de manejo independientemente de las condiciones del lugar. Con la aplicación de la AP se puede predecir adecuadamente las distintas etapas de producción y determinar sus necesidades (riego, fertilizantes, fases de desarrollo y maduración de los productos, puntos óptimos de siembra y recolección, etc.) y obtener un diagnóstico (conocer el comportamiento de las condiciones biofísicas del suelo, plantas, ambiente; el estado nutricional y su relación con la producción).

El rendimiento agrícola resume el resultado de todo el ciclo de producción de un cultivo, por lo que su sensado y mapeo brindan la posibilidad de conocer cómo fue la variabilidad sobre el terreno ofreciendo la posibilidad de controlarlo.

El Ministerio de Agricultura y Desarrollo Rural [10] y autores como S. Best [11],F. Salazar et al [12], J. Torres et al [13], A. Castro et al [14], definen la AP como un Sistema Alternativo Sostenible y una estrategia de gestión útil en los procesos productivos; es un concepto agronómico de gestión de parcelas agrícolas que abarca todas las técnicas, métodos de cultivo y gestión sobre el terreno, donde se emplean las tecnologías de la información con métodos y herramientas tecnológicas para obtener datos e información recogida y tratada en tiempo y espacio desde múltiples fuentes sobre la variabilidad existente en el área (Sistemas de Posicionamiento Geo-espacial (GPS), sistemas de instrumentación y adquisición de datos, electrónica, microelectrónica, tecnologías inalámbricas, sensores, controladores y maquinaria entre otros), con el propósito de recolectar, ordenan, analizar y diagramar la información de lo que sucede o puede suceder en los suelos o cultivos y así desarrollar estrategias para atender las limitantes a nivel de sitio.

La AP no mejora el precio de los productos agrícolas, el sistema de transporte, ni la disponibilidad de créditos; es una tecnología con la que los productores buscan producir a un bajo costo, aumentar la productividad y optimizar la calidad y cantidad de un producto agrícola, dado que con los datos obtenidos se sustentan decisiones asociadas con la producción y productividad agrícola, marketing, finanzas y personal; además de administrar el tiempo y espacio, haciendo un uso más eficiente de los insumos, lo que lleva a una mejor cosecha, calidad de la producción y del medio ambiente.

En la aplicación de la AP se definen 4 etapas: Recolección de datos; procesamiento de la información; interpretación y análisis; aplicación de insumos por manejo sitio especifico; donde es esencial recolectar la mayor cantidad de datos georeferenciados, para conocer en profundidad lo que ocurre a micro escala dentro del campo; criterios respaldados por S. Best [15] donde la ejecución de estas etapas se muestra en la Figura 2.1

Figura 2.1 Etapas de la Agricultura de Precisión

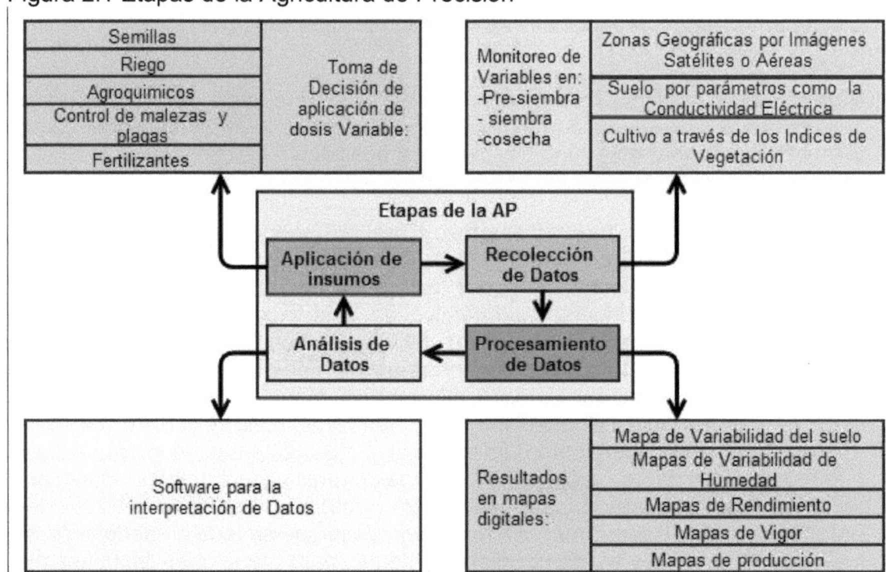

Fuente: Autores

2.2 HERRAMIENTAS QUE UTILIZA LA AGRICULTURA DE PRECISION

Junto a la biotecnología, la AP es uno de los cambios tecnológicos más importantes que ha vivido la agricultura en los últimos años. M. Bragachini et al [18] y C. González et al [6], muestran que las herramientas que usa la AP tiene como fin brindar mayor calidad, control, registro de datos y mayor precisión a la hora de definir diferentes alternativas de manejo o decisiones para realizar a futuro con el fin de ayudar a mejorar los márgenes, a través de un aumento del valor del rendimiento (cantidad o calidad) y la reducción en la cantidad de insumos. Las tecnologías de la AP permiten satisfacer las exigencias de la agricultura moderna como lo es el manejo óptimo de grandes extensiones aunque en la actualidad, se está pasando de modelos de agricultura de cultivos extensivos a cultivos intensivos donde se busca tener una mayor población vegetal por área como en el caso de los frutales.

Una de las herramientas fundamentales en la AP en cuanto a captura de datos en el terreno es el uso del Sistema de Posicionamiento global GPS; como afirma S.

Best [17] para aplicar correctamente la AP depende en forma crítica del componente espacial y por ende de las coordenadas GPS que por la precisión y exactitud requeridas deben ser obtenidas mediante señales corregidas en forma diferencial y toda la información generada debe contribuir a obtener su correcta ubicación dentro del campo.

Figura 2.2 Herramientas de la Agricultura de Precisión

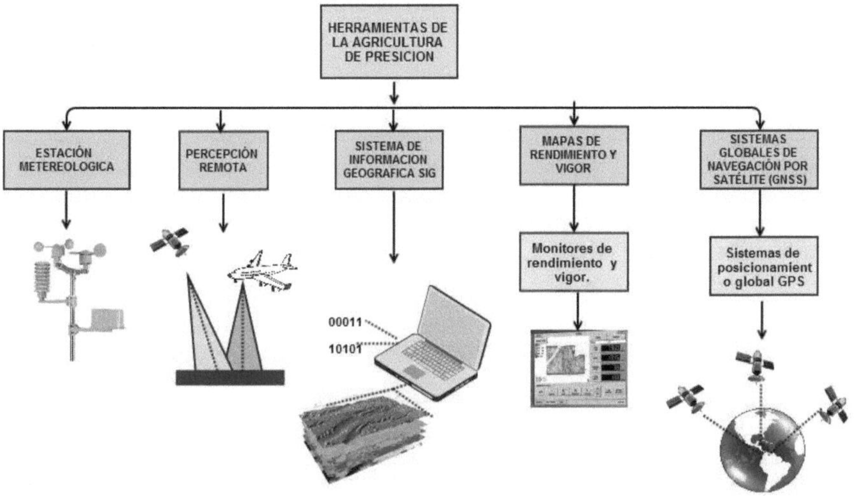

Fuente: Autores

La tecnología de la información proporciona herramientas para la obtención de datos útiles en el manejo de suelos y cultivos sobre la variabilidad presente dentro de un área, precisando el manejo de los procesos productivos. En el desarrollo de la AP, entre las principales herramientas están: Estación meteorológica, percepción remota (Ver Apéndice 2), Sistemas de información geográfica (SIG) (Ver Apéndice 3); monitores de rendimiento; Sistemas globales de navegación por satélite (GNSS); Sistemas de posicionamiento global GPS; bases de datos; imágenes satelitales, aéreas u ortofotos. Con el uso de estas tecnologías se verifica los procesos de diagnóstico (levantamiento de mapas de coberturas, de suelos, de líneas de riego, de vías, de linderos, de cotas, de infraestructura, etc.); en la fijación de obras o proyectos en el corto, mediano y largo plazo (Instalar una línea de sistema de riego, establecer una nueva parcela o como un reservorio); en la elaboración de mapas de crecimiento, desarrollo y rendimiento del cultivo; en la planificación y ejecución de labores en cuanto a la aplicación de insumos, pues, ayudan a especificar en qué sitios, en que cantidades y cuando se puede aplicar, ver Figura 2.2

2.2.1. Sistemas globales de navegación por satélite (GNSS) J. Peñafel et al [20] define como la constelación de satélites que transmite rangos de señales utilizados para el posicionamiento y localización en cualquier parte del globo terrestre. Estos permiten determinar las coordenadas de un punto dado como resultado de la recepción de señales provenientes de constelaciones de satélites artificiales de la Tierra para fines de navegación, transporte, geodésicos, hidrográficos, agrícolas, y otras actividades afines. La navegación por satélite se basa en el cálculo de una posición midiendo las distancias de un mínimo de tres satélites de posición conocida. En la práctica, un receptor capta las señales de sincronización emitida por los satélites que contiene la posición del satélite y el tiempo exacto en que esta fue transmitida. La posición del satélite se transmite en un mensaje de datos que se superpone en un código que sirve como referencia de la sincronización.

2.2.2. Sistemas de posicionamiento global GPS. Varios autores como R. Sugiura et al [2], C. González [6], F. Salazar et al [12], J. Peñafel et al [20] , L. Casanova [21], L. Jáuregui [22], A. Beber et al [23], G. Ghio [24] se han dado en la tarea de definir el Sistema de Posicionamiento Global, conocido por sus siglas en inglés GPS (Global Positioning System); es un sistema de radionavegación satelital operado por el Departamento de Defensa de los Estados Unidos de América, en la década del 70, para el lanzamiento de satélites geoestacionarios alrededor de la Tierra, con el propósito de guiar proyectiles desde plataformas móviles y localizar objetivos militares de forma exacta y rápida en países enemigos; sin embargo, hoy en día ha fomentado el surgimiento de nuevas fuentes de desarrollo como la AP. Este sistema está diseñado para que un observador pueda determinar cuál es su posición en la Tierra, con una cobertura sobre todo el planeta, en todo momento y bajo cualquier condición climática. El sistema de posicionamiento global (GPS), proporciona la respuesta a la pregunta ¿Dónde estoy?; es un indicador de posición utilizado en múltiples campos como la geodesia, geofísica, geodinámica, astronomía, meteorología, cartografía o topografía, entre otra. También se utiliza en la navegación marina, aérea o terrestre, en la sincronización del tiempo, para controlar flotas y maquinarias, en la localización automática de vehículos o en la exploración, con el apoyo de un sistema de información geográfica (GIS) se emplea para elaborar mapas, monitorear numerosos fenómenos como los movimientos de la corteza terrestre o las migraciones de muchas especies animales y en los deportes de aventura. La precisión de la señal gratuita GPS puede ser insuficiente para algunas

operaciones, para lograr mayor precisión se puede usar una corrección diferencial al GPS denominada en su conjunto DGPS. En la figura 2.3 Se esquematiza el sistema de posicionamiento Global GPS.

Figura 2.3 Sistema de posicionamiento global (GPS)

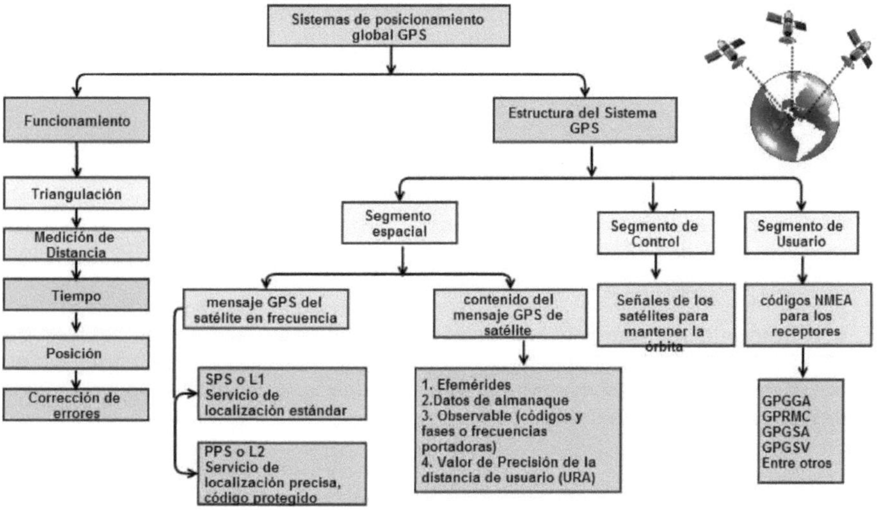

Fuente: Autores

2.2.2.1. Funcionamiento El GPS es un sistema de orientación y navegación basado en la recepción y procesamiento de las informaciones emitidas, F. Salazar et al [12] y A. Beber et al [23] lo explica como un el sistema basado en la constelación de satélites NAVSTAR (Navegación por Satélite en Tiempo y Distancia) que comenzó su operación entre los meses de febrero y diciembre de 1978, con el lanzamiento de los primeros cuatro satélites; luego se llegó a un total de 24 satélites ubicados en seis planos orbitales donde 21 son regulares y los 3 de más de respaldo; tienen una inclinación de 55° con respecto al Ecuador. Los satélites se encuentran a una distancia aproximada de 20.200 km de la Tierra y describen una órbita elíptica, casi circular, de doce horas de duración. Con esta configuración se garantiza que en cualquier lugar de la Tierra habrá al menos cuatro satélites sobre el horizonte en todo momento, número mínimo requerido para obtener una posición mediante un receptor GPS. Los satélites contienen un ordenador, 4 relojes atómicos que transmiten continuamente su posición cambiante y la hora con una precisión de 1ns y una radio con el conocimiento de su propia orbita. El sistema de navegación GPS funciona utilizando 5 pasos lógicos: Triangulación, Medición de distancia, tiempo, posición y corrección de errores.

2.2.2.2. Estructura del Sistema GPS R.Sugiura et al [1], F. Medeiros et al [5], J. Peñafel et al [20], L. Casanova [21], L. Jáuregui [22], A. Beber et al [23],G. Ghio [24], realizan un estudio de la estructura del sistema GPS definiendo tres tipos de segmentos: Espacial, de control y de usuario. Ver Apéndice 4

A. <u>Segmento espacial</u>: Es conocida como la constelación de satélites Navstar, está envía dos tipos de señales que difieren en niveles de precisión; cada código tiene una frecuencia de emisión diferente y fueron hechos para adaptar el sistema GPS para usuarios civiles. En la caracterización de segmento se encuentra: <u>mensaje GPS del satélite en frecuencia</u> y <u>contenido del mensaje GPS de satélite.</u>

B. <u>Segmento de control</u>: Las estaciones monitoras reciben las señales de los satélites y calculan la órbita exacta. Los errores existentes en la información orbital de cada satélite (ephemerisdata) son calculados y la información corregida es enviada a cada satélite.

C. <u>Segmento de usuario</u>: Este segmento lo conforman la totalidad de usuarios del sistema y los receptores GPS que recibe las señales de los satélites y las utiliza para determinar la posición del punto o móvil. Empleando las señales de cuatro satélites un receptor GPS puede calcular la posición en el espacio tridimensional (X, Y, Z) y el tiempo (UTC "Tiempo Universal Coordinado") La aplicación principal del sistema GPS es la navegación en tres dimensiones (X, Y, Z). Ver Apéndice 5.

2.2.2.3. Protocolo de Comunicación. El Protocolo usado por los sistemas GPS es el protocolo NMEA desarrollado por la National Marine Electronics Association para comunicarse con un determinado programa, que estará instalado en un ordenador o en algún dispositivo móvil (PDA, teléfono móvil...). Los dispositivos GPS envían un flujo de mensajes NMEA continuamente a la aplicación. Hay varios tipos de mensajes NMEA, de los cuales hay que destacar el GGA (Global Positioning System Fix Data), ya que este mensaje proporciona la información más relevante de la forma más abreviada posible, además también nos proporciona información sobre los satélites. Ver Apéndice 6.

2.2.3. Corrección Diferencial. Autores como J. Peñafel et al [20], A. Bebeer et al [23], G. Ghio [24], Org. Nato [25] y el FCEIA [26], nos indican las características y definiciones de la corrección diferencial teniendo:

El posicionamiento diferencial ocurre cuando están involucrados dos o más instrumentos GPS, con el fin de eliminar los errores propios del sistema GPS, calculando los incrementos de coordenadas desde el equipo de referencia al móvil. Este incremento de coordenadas está dado en el sistema geocéntrico de coordenadas, donde si los errores de posicionamiento son muy similares o comunes en ambos puntos no hay ninguna influencia en los incrementos de coordenadas. Este es un sistema modificado, desarrollado por los fabricantes de receptores civiles que pretende aproximarse a la precisión ofrecida por el código militar a través de la cancelación de la mayoría de los errores naturales y causados por el hombre que se infiltran en las mediciones normales con el GPS. Existe una norma internacional para la transmisión y recepción de correcciones denominada "Protocolo RTCM SC -104"

A. Proceso de Corrección Diferencial: Debido a los errores, los cálculos de posiciones con GPS pueden sufrir desplazamientos de hasta 100 metros con disponibilidad selectiva (SA) y hasta 30 metros sin SA. El proceso de Corrección Diferencial consiste en obtener datos satelitales en forma simultánea por dos receptores, uno de los cuales es ubicado en una posición conocida y otro en una posición variable (base y móvil), ver Figura 2.4. Las observaciones desde la base son usadas para ajustar la posición del móvil. Para que exista Corrección Diferencial el receptor base colecta datos de la totalidad de satélites visibles y el móvil sólo de parte de la constelación. Supuesto: la mayor parte de los errores en la señal es igual para todos los usuarios sobre una extensa área. A 400 km de la base: precisiones de 5 metros (reducción al promediar) a menos de 100 km: precisiones de 1 metro.

La corrección diferencial en tiempo real se realiza al momento de efectuada la medición de campo. La base contrasta la posición calculada con la posición de referencia móvil; el resultado es una serie de correcciones de los datos de cada satélite medido en su respectivo tiempo. La base transmite estas correcciones hacia los móviles a través de sistemas de radio y módem, o por un sistema satelital y bases diseñados para este efecto; así el móvil aplica la corrección al momento de la toma de datos. La factibilidad de corrección diferencial en tiempo real depende del tipo de receptor utilizado. Existen servicios de corrección diferencia ubicada en países y regiones limitadas como lo son: WAAS

(Norteamérica con 32 estaciones), EGNOS (Europa con 34 estaciones), OMNISTAR (Sudamérica y Centroamérica con 70 estaciones)

Figura 2.4 Corrección diferencial (DGPS)

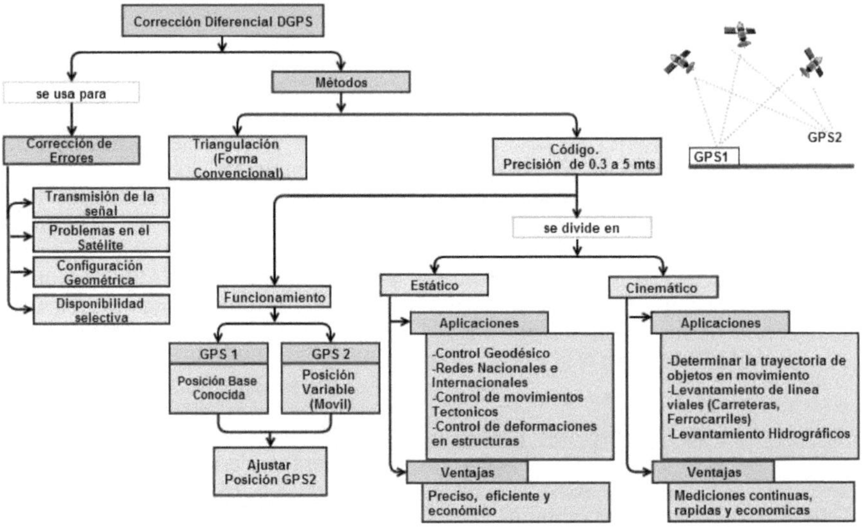

Fuente: Autores

2.3. APLICACIONES DE LA AGRICULTURA DE PRECISION

Con el uso de la AP se ha podido desarrollar teorías para calcular la aplicación de insumos basado en un rendimiento esperado en función de variables como la fertilidad y disponibilidad hídrica (método del balance de nutrientes), donde el desafío es cuantificar la respuesta de rendimiento del cultivo a la dosis variable de insumos (método de la dosis óptima económica). Otra aplicación de gran utilidad es la evaluación en campo de productos en franjas de tratamientos en el momento de la cosecha, analizando los resultados por sectores y de esta manera ajustar el manejo diferencial de dosis de fertilizante, densidad de semilla, fecha de siembra, espaciamiento entre hileras; esto permite manejar la variabilidad.

En la práctica de la AP autores como R. Bongiovanni [3], J. Riquelme et al [4], M. Reis et al [8], S. Best [11]; ejemplifican las aplicaciones más relevantes que tiene el uso de este tipo de tecnología, como el desarrollo de máquinas e implementos que permiten el manejo localizado en base a mapas a través de sembradoras de precisión; la modificación de las dosis de nitrógeno en función del conocimiento previo de los cultivos; ajuste de las dosis de semillas en función del tipo de suelo; la variación de los volúmenes fitosanitarios basada en las necesidades puntuales; sistemas de guía como el Banderillero satelital, usado para que un equipo siga una trayectoria determinada en el mapa de aplicación implementados en pulverizadoras autopropulsadas y en aviones aplicadores; sistemas robóticos, que han registrado un fuerte incremento en los últimos años para la automatización de distintos procesos de cosecha, con labores como la localización de la fruta, el desprendimiento y transferencia y recolección ,estos sistemas pueden aumentar la productividad de los trabajadores, el rendimiento del producto y mejorar la fiabilidad de la selección y uniformidad.

2.4. SISTEMAS AEROTRANSPORTADOS NO TRIPULADOS

El uso plataformas aerotransportadas en aplicaciones civiles dificulta la existencia de un consenso en su definición por ello existe variedad de denominaciones: ROA (Remotely piloted Aircraft "aviones pilotados remotamente") o UA (Unmmaned Aircraft o Uninhabited Aircraft "aviones no tripulados") en el pasado; y en la actualidad UAV (Unmanned aerial vehicle "vehículo aéreo no tripulado" en español VANT) o más recientemente UAS (unmanned Aircraft System "sistemas aéreos no tripulado"); estas denominaciones hacen referencia a la ausencia de tripulación en el vehículo, lo que no es necesariamente sinónimo de autonomía. Las siguientes definiciones propuestas por A. Barrientos et al [28], diferencian ambas posibilidades:

Aeronave no tripulada VANT o UAV (sigla en inglés, Unmanned aerial vehicle, UAS Unmanned Aircraft System o UAVS Unmanned Aircraft vehicle System): Sistema capaz de realizar una misión sin necesidad de tener una tripulación a bordo; no excluye la existencia de piloto, controlador de la misión u otros operadores que pueden realizar su trabajo desde tierra, ver Figura 2.5. La extensión del concepto de vehículo a sistema refleja que el UAVS precisa no solo de una aeronave completamente instrumentada sino también de una estación en tierra que complementa la instrumentación y capacidades embarcadas.

Aeronave autónoma o sistema aéreo autónomo (Autonomous aerial System "AAS"): Sistema capaz de desarrollar la misión sin necesidad de intervención humana. Cabe la posibilidad de que la aeronave transporte personal no dedicado a la misión.

Figura 2.5 Vehículo aéreo no tripulado (VANT)

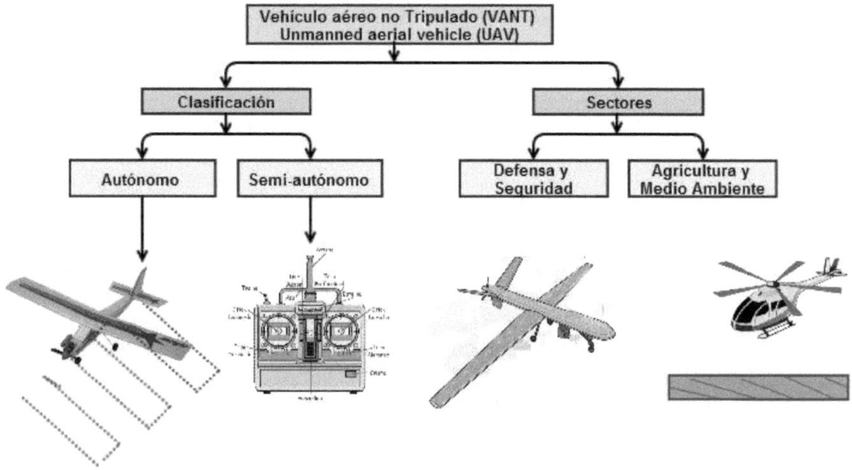

Fuente: Autores

En la clasificación de los VANT (ver Figura 2.6), es posible atender a diferentes criterios como: tipo de aeronave (Despegue vertical o no), Tamaño, Alcance, Autonomía, Altitud, Combate, Ofensivo, Señuelo, estratosférico; esta categorización abarca aplicaciones civiles y en su mayoría militares. Cabe destacar que cada tipo de aeronave tiene un espectro de aplicabilidad diferente.

Como afirma E. Bautista et al [27], con la existencia en el mercado de sistemas de navegación que incorporan micro sistemas electromecánicos (MEMS, por su sigla en inglés), sensores inerciales (giróscopos y acelerómetros), sistemas de posicionamiento global (GPS), magnetómetros y barómetros, control de alcance extendido más allá de la visión del operador y la programación de misiones de vuelo autónomo permitió replantear el alcance de los aeromodelos migrando hacia los VANT (Sigla en español). Los vehículos aéreos no tripulados permiten el desarrollo autónomo o semiautónomo de diferentes tipos de misiones que cubren desde los sectores de defensa y seguridad hasta los de agricultura o medio ambiente, concepto respaldado por F. Medeiros et al [5].

Figura 2.6 Clasificación de los Vehículos aéreos no tripulados

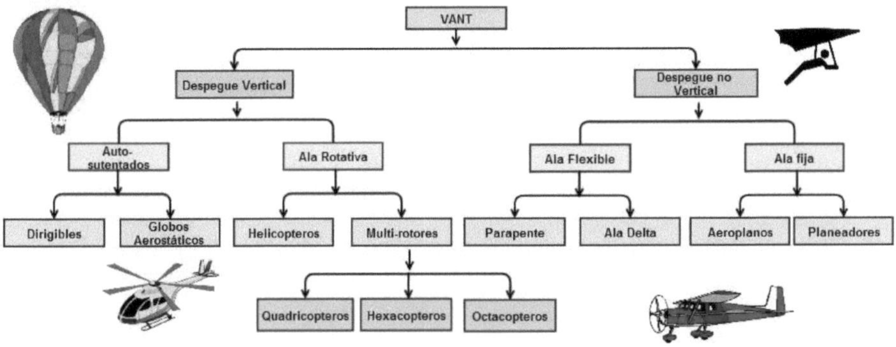

Fuente: Autores

En aplicaciones militares se suele utilizar de tipo aeroplano desde la categoría mini en adelante; pero para aplicaciones civiles el más usado es el helicóptero dado su maniobrabilidad, vuelo a baja velocidad y capacidad de vuelo estacionario. Los VANT, como afirma F. Medeiros [5], se han consolidado como un opción importante en la AP, ya que el uso y aplicación de nuevos conocimientos en productores rurales para ayudar a identificar las estrategias que puede aumentar la eficiencia en la gestión la agricultura, maximizar la rentabilidad de los cultivos y agroindustria, sector cada vez más competitivo. Cabe resaltar que como dice A. Barrientos et al [28], en ocasiones se usan vehículos de radio control dado que se encuentran en el mercado totalmente ensamblados y buen suministro de repuestos; estos aeromodelos se adecuan con la instrumentación necesaria para ejecutar misiones y cumplir con su objetivo a un bajo costo pues los VANT en sentido estricto, no son comerciales dado que son diseñados en su totalidad según su aplicación tanto en control, instrumentación, comunicación, ajustando tamaño, sistemas de respaldo y mando por joystick. Ver Apéndice 7.

2.4.1 Helicópteros. Presentan gran maniobrabilidad, capacidad de vuelo, alcance, altitud, vuelo estacionario, despegue vertical, vuelo longitudinal y lateral, autonomía de vuelo (tiempo que puede permanecer en vuelo sin tener que tomar tierra por falta de combustible o alimentación eléctrica), de acuerdo al tamaño.

Para el uso eficiente de estos aeromodelos es necesario conocer su sistema de funcionamiento y los tipos de sensores que se les puede equipar para realizar las misiones. El sistema funcional de un helicóptero es el de actuación; encargado de variar mediante trasmisiones y palancas la orientación las palas del rotor principal y del rotor de cola, por lo general usan servos de radio control (RC) que son unidades dotadas de un motor de corriente continua, un potenciómetro para la realimentación interna y un reductor de salida; regulan la orientación de su eje en función de una señal de mando en modulación de ancho de pulso PWM.

En aplicación como la AP, para realizar las mediciones se adecuan estos aeromodelos con una combinación de sensores inerciales, acelerómetro y giroscopio para medir la altitud; la medida de posición y velocidad de desplazamiento se obtiene mediante el uso de posicionamiento global por satélite (GPS), la precisión de las medidas dependen de múltiples factores en su mayoría atmosféricos pero compensables a precisiones del orden de milímetros con el uso de correcciones diferenciales DGPS.

2.5. SISTEMAS DE TELEDETECCION

La teledetección es definida según X. Burgos et al [7], D. J. Mulla [9], F. Salazar et al [12], A. Castro et al [14], C. Yang et al [19], P. A. Gutiérrez et al [29], J. Manera et al [30], como la medición o adquisición de información de un objeto o fenómeno por medio de un equipo que no está en contacto con dicho objeto; es una tecnología que permite adquirir información en el monitoreo ambiental no invasivo pues es un instrumento utilizado para la obtención de información cuantitativa y cualitativa para la toma de decisiones y fijación de políticas; se basan en la interacción de la radiación electromagnética con el suelo o la planta, donde se mide está radiación reflejada o emitida por los campos de agricultura pues cada superficie presenta una firma espectral característica. Las aplicaciones de teledetección en la AP (ver Figura 2.7) son típicamente clasificados de acuerdo con el tipo de plataforma para el sensor; aunque se inició con sensores para la materia orgánica del suelo, se ha diversificado rápidamente y se divide en tres grupos principales: (1) por medio de dispositivos embarcados en aeronaves; (2) por medio de dispositivos embarcados en satélites, y (3) directamente desde el nivel del suelo. Al realizan fotografías aéreas se proporciona gran cantidad de información a un costo razonable donde con el análisis de estas imágenes remotas, se modela diversos parámetros agronómicos que determinen la producción; aplicación inteligente de herbicidas y fertilizantes al diferenciar las malas hierbas de los cultivos por el color en la floración; generar mapas de rendimiento para gestión durante y después de la temporada crecimiento. Esta tecnología cuenta con un sinnúmero de aplicaciones en diversas áreas, desde estudios científicos y ecológicos, hasta económicos, urbanos y sociales.

Figura 2.7 Sistemas de teledetección

Fuente: Autores

2.5.1. Sistemas de visión. La parte primaria del sistema de visión es la imagen digital, está conformada por una matriz de números reales MxN, donde M representa las hileras y N a las columnas, de tamaño MxN, donde cada elemento de la matriz es llamado *pixel* o *picture element*, definido como el valor de color o intensidad asociado a cada elemento de la matriz. Una imagen consta de tres matrices de información RGB (Red, Green, Blue), a través de combinación algebraica de estas sub-matrices se genera nuevas fotografías o matrices para llegar a obtener la matriz final de información de 0 y 1 (imagen binaria) con la cual se le hace el reconocimiento de los patrones deseados.

Los sistemas de visión como dice F. Medeiros et al [5], F. Salazar et al [12] son nuevas tecnologías de evaluación. En la AP son usados para el reconocimiento

38

visual computarizado que implica análisis y procesamiento de características como color, forma y dimensiones de un objeto a partir de una imagen digital que genera gráficos y reconocimiento de patrones como el mapeo (cartografía), evaluación de áreas cultivadas, detección de zonas afectadas y análisis de suelos y así generar mapas de rendimiento, sin embargo, hay limitaciones y errores pero, su principal ventaja es ser un método no destructivo donde sus resultados son muy consistentes; actualmente se ha enfocado en técnicas estadísticas y procesamiento de las imágenes. Entre las aplicaciones de la visión para la AP en temporada de cosecha y poscosecha principalmente en frutos como: reconocimiento de la cosecha, estimación de rendimiento, clasificación por colores, segmentación automática de defectos y clasificación en línea.

2.5.1.1. Adquisición de imágenes con cámaras. D. J. Mulla [9] , F. Salazar et al [12] y J. Torres et al [13], muestran que tanto aviones y satélites pilotados son tradicionalmente las principales plataformas usadas para obtener imágenes para la adquisición de datos globales; estas plataforma para el sensor pueden ser diferenciados en base a la altura de la plataforma, el espacio, la resolución de la imagen, la frecuencia de rendimiento mínimo para formación de imágenes secuenciales y la resolución espacial, que afecta a la zona del píxel más pequeño que puede ser identificado. Con el uso de cámaras multiespectrales implementadas en estas plataformas, además de capturar en las bandas R, G, B, también proporciona la banda del Infrarrojo cercano (NIR), con lo cual se logra obtener el Índice de Vegetación Diferencial Normalizado (NVDI). Ver Apéndice 8.

2.5.2. Adquisición de imágenes con satelitales. Varios autores como C. Yang et al [19], J. Manera et al [30], L. Gónima et al [32], N. Ortiz et al [33], se han referido al uso de imágenes satelitales en los sistemas de visión. Aunque la práctica de la agricultura aparentemente no está tan estrechamente relacionada con el medio ambiente, sus efectos son de notable importancia como el empobrecimiento de los suelos, deforestación y desertización. En la recolección de datos de las cosechas se suele usar los monitores de rendimiento que permiten a los agricultores e investigadores recoger datos sobre rendimiento y economía durante la cosecha generando así mapas de rendimiento inmediatos; estos datos se recogen en la cosecha y se utilizan para la gestión de post-temporada pero los problemas como deficiencias nutricionales, estrés hídrico o infestaciones parasitarias deben manejarse durante la temporada de crecimiento; a raíz de este inconveniente se implementa el uso de Imágenes de satélite que al ser procesadas físicamente muestran resultados relativamente precisos en la identificación fenológica de los cultivos, delimitación de las superficies cultivadas y las condiciones y estimaciones de rendimiento, aplicables tanto a la agricultura extensiva como a minifundios. Ver Apéndice 9.

El uso de imágenes satelitales posee parámetros de calidad insuperables, y entregan información espectralmente calibrada. Sin embargo, para acceder a imágenes de mayor resolución y calidad los precios son muy elevados siendo inaccesibles para estudios de investigación agrícola en pequeños y medianos productores y las imágenes satelitales disponibles en forma gratuita son de muy baja resolución espacial, típicamente son de un resolución espacial de 0 a 5m y una precisión espacial de alrededor de 1 m que no son obtenibles con la frecuencia necesaria y las condiciones climáticas suelen afectar las mediciones.

2.5.3. Sistemas aerotransportados. Autores como R. Sugiura et al [2], X. Burgos et al [7], J. Torres et al [13], E. Bautista et al [27], J. Manera et al [30], L. Martínez et al [34] han dedicado sus estudios a este tema,. Contextualizando, el uso de aviones apareció en los años 80, cuando el procedimiento habitual era tomar imágenes con una cámara de infrarrojo cercano (NIR) embarcada en la aeronave, y más tarde el análisis de las imágenes para elaborar mapas aproximados de distribución de malezas.

Las imágenes obtenidas por medio de sistemas aerotransportadas sobreponen la falta de versatilidad de las imágenes satelitales, fundamentalmente porque pueden ser obtenidas en condiciones óptimas de clima, iluminación, etc., y la resolución espacial puede acomodarse mediante dispositivos sensores, altitud de vuelo, etc. En la actualidad, se busca obtener imágenes incorporando cámaras de video y sistemas de telecomunicaciones en los aeromodelos existentes, los cuales son radio-controlados con un alcance limitado a la visual del operador y fabricados de acuerdo a las necesidades del usuario para suplir las necesidades regionales y locales en temas de seguridad, vigilancia, aerofotografía, levantamientos topográficos, agricultura, control de incendios, investigación de fotogrametría, entre otros. Ver Apéndice 10.

2.6. DIAGNÓSTICO DE CULTIVOS

En el proceso de diagnóstico de cultivos se debe establecer el significado Fenología: J. A. de Cara García [35] la describe como la ciencia que estudia los fenómenos biológicos que se presentan periódicamente (fases fenológicas y al intervalo entre dos fases sucesivas: etapa) producto de respuestas eco-fisiológicas; donde se acomodan a ritmos estacionales con relación al clima y el curso anual del tiempo atmosférico en un determinado lugar. Es una disciplina descriptiva y de observación, que requiere método y precisión en el trabajo de campo; utiliza conocimientos de fisiología, ecología y climatología para aplicaciones en agricultura, ganadería, selvicultura y conservación de la naturaleza; los cambios climáticos y atmosférico a lo largo del año afectan la morfología, fisiología de plantas y a la evolución de los cultivos (germinación de semillas, brotación de yemas, floración, caída de las hojas, maduración de los frutos o ahijado y espigado de cereales) Ver Apéndice 11.

Un aspecto relevante para el diagnóstico es el monitoreo y análisis nutricional, como indica F. Salazar et al [12], los cambios de estado fenológico en los cultivos llevan muchas veces a cambios en el status nutricional de las plantas, que pueden afectar el rendimiento y calidad de la cosecha, por lo que es indispensable realizar seguimientos nutricionales. El tejido foliar es uno de los mejores indicadores del estado nutricional, ya que en este tejido se producen los mayores cambios en las concentraciones de nutrientes, este análisis deben compararse con estándares para que el productor o asesor tengan una idea de lo que ocurre en la planta

2.6.1. Parámetros de Diagnóstico a través de imágenes. El uso de la teledetección para el diagnóstico de cultivos se ha centrado en una amplia gama de esfuerzos. La resolución espacial de las imágenes de teledetección aérea y por satélite ha mejorado de una precisión de 100 m hasta inferiores al metro y la frecuencia temporal de imágenes también ha mejorado dramáticamente; en la actualidad hay un interés considerable en la recolección de datos en múltiples tiempos para llevar a cabo la gestión del suelo, cultivos y las plagas tiempo real. Existen varios parámetros medibles en las plantas, cultivos y suelos, esto incluyen: el rendimiento del cultivo y biomasa; nutrientes de los cultivos y estrés hídrico de las plantas; infestaciones de malezas; enfermedades e insectos y las propiedades del suelo (materia orgánica, humedad, contenido de arcilla, pH o la salinidad). Cada parámetro se puede determinar por la cantidad de radiación reflejada; lo que permite la evaluación de las propiedades de suelos y cultivos con una fina resolución espacial que expensa una mayor capacidad de almacenamiento y procesamiento de datos.

Como indica D. J. Mulla [9], la cantidad de radiación reflejada a partir de plantas esta inversamente relacionada con la radiación absorbida por pigmentos, y varía con la longitud de onda de la radiación incidente. Los pigmentos vegetales como clorofila absorbe fuertemente la radiación en el espectro visible de 400 a 700 nm, en particular a longitudes de onda tales como 430 (azul o B) para clorofila a y 660 (rojo o R) nm para la clorofila b. Otros pigmentos de las plantas, tales como antocianinas y carotenoides también son importantes. En contraste, las plantas son altamente reflectantes en el infrarrojo cercano (NIR 700 a 1300 nm) en regiones como la densidad de hojas y los efectos de la estructura del dosel. Además, aparte de la reflectancia, transmitancia y absorción, las hojas de la planta tiene emisión térmica (energía de fluorescencia), con la que se puede definir el estrés hídrico en los cultivos pues, una emisión de radiación en la respuesta a la temperatura de la hoja y del dosel, la cual varía con la temperatura del aire y la tasa de evapotranspiración.

El comportamiento de fuertes contraste de reflectancia entre las porciones rojas y NIR del espectro de la imagen, es la motivación para el desarrollo de los índices espectrales para la detección remota de las características vegetales o predicción de la reflectancia. Estos índices de vegetación reflejan dos tendencias históricas: entre el rojo (R) y bandas NIR frente a proporciones del verde (G) y las bandas NIR. Con ello se aumentan las diferencias de reflectancia para uso del suelo y clasificación de la vegetación. Los índices de vegetación presentan las combinaciones de las bandas de la imagen: R (valores de píxel de la banda Roja Visible); G (valores de píxel de la banda Verde Visible); B (valores de píxel de la banda Azul Visible); NIR (valores de píxel de la banda infrarroja cercana); NIR(r) (valores de píxel de la banda infrarroja cercana Roja); NIR (g) (valores de píxel de la banda infrarroja cercana Verde).

Índices como NDVI(Índice de Vegetación Normalizado), SVI(Índice Simple de Vegetación) y EVI (Índice de Vegetación Mejorado); son los más utilizados en estudios de teledetección para clasificación de vegetación como afirma A. Castro et al [14].Al igual, una amplia gama de otros índices se han desarrollado para compensar los efectos del suelo, incluyendo: el Índice de Vegetación Ajustado al Suelo (índice SAVI), Índice de Vegetación Ajustado al Suelo Verde (GSAVI), Índice de Vegetación Optimizado Ajustado al Suelo (OSAVI) y Índice De Vegetación Optimizado del Suelo Verde Ajustado (GOSAVI). Ver Tabla 2.1.

Tabla 2.1. Índices de Vegetación , La información mostrada es la recopilación de autores como F. Salazar et al [12], A. Castro et al [14], C. Yang et al [19].

1			
	NG (Índice Verde Normalizado)	$\dfrac{G}{NIR + R + G}$ (1)	Se centra en la porción del espectro donde pigmentos distintos de clorofila (carotenoides, antocianinas, xantofilas) absorben la radiación
2	**NR** (Índice Rojo Normalizado)	$\dfrac{R}{NIR + R + G}$ (2)	Está enfocado en la porción del espectro donde la clorofila absorbe fuertemente la radiación
3			Consiste en la relación del NIR y la reflectancia R.

	SVI(Índice Simple de vegetación)	$\dfrac{NIR}{R}$ (3)	Es útil para discernir entre zonas con vegetación y sin vegetación siendo uno de los ratios entre bandas más usados. No compensa los efectos del suelo.
4	**GRVI**(Índice de Vegetación Verde Rojo)	$\dfrac{NIR}{G}$ (4)	Viene de la relación de NIR y la reflectancia G. compensa los efectos del suelo .Es un indicador fenológico basado en observaciones a nivel de rodal de la reflectancia espectral y fenología en los ecosistemas. Relaciona el cambio estacional de la vegetación (como la fase temprana de la hoja verde y la fase media de coloración otoñal) y de la superficie del suelo con alta resolución temporal.
5	**DVI** (Índice de Diferencia Vegetativa)	$NIR(r) - R$ (5)	Desarrollado usando la diferencia entre reflectancia en las bandas R de espectro visible e NIR. Compensa los efectos de reflectancia del suelo y es sugerido como un algoritmo para el cálculo del índice de vegetación más fácil dado que un valor de cero indica suelo desnudo; menores a cero indican agua y los valores mayores de cero indican vegetación.
6	**GDVI** (Índice de Vegetación Verde)	$NIR(g) - G$ (6)	Implica la reflectancia G de espectro visible e NIR. Sus resultados se pueden correlacionar con el nivel de N (Nitrógeno) en los cultivos. Compensa los efectos del suelo.
7	**NDVI** (Índice de Vegetación Normalizado)	$\dfrac{NIR - R}{NIR + R}$ (7)	Integra el contraste de la alta absorbencia (baja reflectancia) de la banda roja (R) del espectro visible con la alta reflectancia del infrarrojo cercano (NIR). La escala de medida varía entre -1 a 1; con 0 representa la falta de vegetación, valores cercano al 1 y 1 es interpretado como una especie vegetal de vigor y valores negativos muestran las superficies sin vegetación. El rendimiento se asocia con este índice. Tiene ciertas limitaciones debido a la interferencia de reflectancia del suelo. Con densidades de dosel bajo ó insensibilidad a los cambios del contenido de clorofila en hojas de madurez marquesinas con valores de índice de área foliar que exceden 2 o 3.
8	**GNDVI**(Índice de Vegetación de Diferencia Normalizada Verde)	$\dfrac{NIR - G}{NIR + G}$ (8)	Integra el contraste de la alta absorbencia (baja reflectancia) de la banda verde (G) del espectro visible con la alta reflectancia del infrarrojo cercano (NIR).
9	**EVI** (Índice de Vegetación Mejorado)	$\dfrac{2.5(NIR - R)}{1 + NIR + 6R - 7.5B}$ (9)	Este índice obtiene la respuesta de las variaciones estructurales del dosel vegetal incluyendo el índice de área foliar LAI (Leaf Area Index); tipo y arquitectura del dosel y fisonomía de la planta. Permite optimizar la señal de la vegetación con

N°	Índice	Fórmula	Descripción
			sensibilidad mejorada para altas densidades de biomasa, lográndose esto al separar la señal proveniente de la vegetación y la influencia atmosférica.
10	**SAVI** (Índice de Vegetación Ajustado al Suelo)	$(1 + L)\left[\dfrac{NIR - R}{(NIR + R) + L}\right]$ (10) L= Factor de ajuste del suelo	Índice para trabajos en zonas semiáridas, donde la contribución del suelo es muy importante. Muestra mayor distinción entre el suelo y la vegetación. Incorpora una constante L del suelo que depende de la densidad de la vegetación la cual se usa con una vegetación baja 1, intermedia 0.5 o alta 0.25. Considera la influencia de la luz y el suelo oscuro en el índice. L varía las características de reflectancia del suelo como: color y brillo. Si L = 0, SAVI es igual a NDVI.
11	**GSAVI**(Índice de Vegetación Ajustado al Suelo Verde)	$1.5\left[\dfrac{NIR - G}{NIR + G + 0.5}\right]$ (11)	Índice que compensar los efectos del suelo
12	**OSAVI** (optimizado índice de vegetación ajustado del suelo)	$\dfrac{NIR - R}{NIR + R + 0.16}$ (12)	Indicador para la monitorización agrícola; reporta información biofísica de la vegetación análoga al NDVI. Este índice compensar los efectos del suelo
13	**GOSAVI**(Índice De Vegetación Optimizado del Suelo Verde Ajustado)	$\dfrac{NIR - G}{NIR + G + 0.16}$ (13)	índices para compensar los efectos del suelo

Una variedad de índices espectrales ahora existe para diversas aplicaciones de AP como, para evaluar los diversos atributos de dosel de las plantas, tales como el índice de área de hoja (LAI), la biomasa, el contenido de clorofila o de nitrógeno, medición de parámetros de calidad a partir del NIRs, entre otros. Ya sea a partir de satélite y / o imágenes aéreas en la estimación de patrones espaciales en la biomasa del cultivo y rendimiento potencial de la cosecha. Profundizando en algunas tenemos:

A. Índice de área foliar (IAF o LAI): Autores como F. Salazar et al [12] y M. Casterad et al [37] lo describen como la cantidad de superficie de hojas (considerando una cara), por unidad de suelo; es una cantidad adimensional, característica de un ecosistema y que presenta importantes aplicaciones en eco-fisiología, modelos de balance hídrico y caracterización de interacciones vegetación- atmósfera. El IAF produce variaciones a nivel microclimático, que controlan aspectos como la intercepción de luz, extinción luminosa; ya sea debido a heladas, sequías o prácticas de manejo. Es acompañado por modificaciones en la productividad. Por otra parte, el índice de área foliar puede tener una aplicación nutricional, ya que una gran cantidad de reservas están presentes en el follaje destacándose nitrógeno, calcio y azúcares, además una excesiva superposición de hojas dentro de una planta producirá un efecto de sombreamiento que altera el funcionamiento óptimo de las hojas y limita el desarrollo de color en la fruta. Dado que es un parámetro biofísico del cultivo, tiene gran importancia agronómica y ofrece la posibilidad de definir dentro de la parcela zonas que pueden precisar un manejo diferente del cultivo; utilizado para describir superficies fotosintéticas y de transpiración de doseles vegetales estrechamente relacionado con la producción final.

B. LCI Índice del color de las hojas   El nivel de nitrógeno indica el estrés de un cultivo que puede ser descrito debido a la alta correlación existente entre el alta LCI y el contenido de nitrógeno de un cultivo. El LCI puede ser obtenido usando el nivel de gris de rojo y el NIR como lo describe la ecuación:

$$LCI = \frac{Res_R}{Res_{NIR}} \tag{14}$$

Donde, Res_R y Res_{NIR} nivel de gris de rojo y el NIR normalizado por el aumento y ganancia de CCD

2.6.2. Análisis de Imágenes Multiespectrales (Firma espectral)

Todo tipo de superficies o elementos geográficos (como el agua, la tierra desnuda, la vegetación, edificios, etc.) reflejan de forma diferenciada en varios canales la radiación electromagnética que reciben del sol, es decir, cada objeto refleja la luz visible según una combinación característica de radiaciones de distintas longitudes de onda, a esta combinación en el espectro visible la llamamos color lo que en realidad debe denominarse firma espectral (función que describe la cantidad de radiación reflejada o variación de reflectancia con respecto a la longitud de onda).

Cuando vemos algo de un color, por ejemplo amarillo, resulta que lo que estamos viendo es una combinación de rojo (236), verde (247) y azul (30), este sistema es mismo usado por la retina humana, la firma espectral de los objetos que vemos con este color amarillo, es 236, 247 y 30, ver Figura 2.8. Es decir los valores que adquiere la luz reflejada para cada una de las bandas consideradas. En este caso las tres visibles.

Figura 2.8. Programa Paint, explicación de firma espectral.

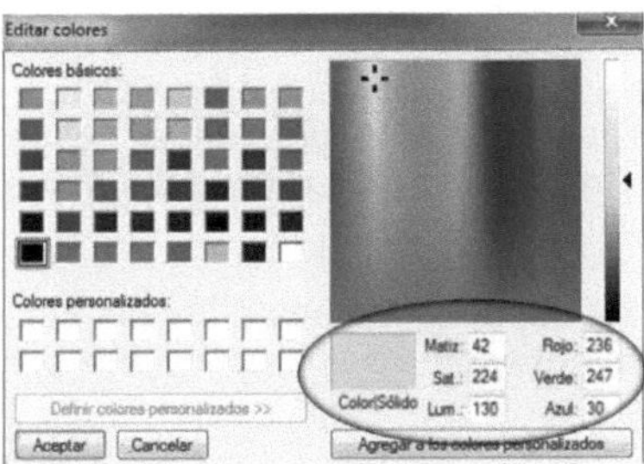

Fuente: Autores

Con un bit (en binario) se pueden guardar dos valores de intensidad: 0 y 1; con 8 bits (1 byte) de capacidad, puedo almacenar 2^8 intensidades de un color (256), desde el valor 0 al 255; con tres colores (**8 bits** por color) puedo almacenar **256**^{3} matices diferentes o firmas espectrales el resultado es 16.777.216 intensidades de color distintas. Usando información digital (en binario), nuestro computador puede trabajar con un elevado número de matices, discriminando con gran precisión la información contenida en las imágenes multiespectrales. [47], [48], [49]

Cada tipo de elemento representa un tipo de nivel específico en términos de:

$$R_i = R_r + R_a + R_t \tag{15}$$

Donde R_i, es la radiación incidente, R_r es la radicación reflejada, R_a es la radiación transmitida.

2.6.2.1. Características espectrales de la vegetación

Las propiedades reflectivas de la vegetación dependen de tres tipos de variables: Estructura de la cubierta vegetal, principalmente caracterizada por su índice foliar, por la orientación de las hojas y por su distribución y tamaño; las propiedades ópticas de los elementos reflectantes (tallos, hojas, flores y frutos) y la geometría de la observación, determinada por la orientación relativa entre el sol y la superficie y por la situación del sensor con respecto a esta última. [50] Ver Apéndice 12.

2.6.2.2. Comportamiento de las plantas según lambda λ (Longitud de onda)

La luz es uno de los tres factores más importantes que actúan sobre el crecimiento y desarrollo de las plantas, junto con el oxígeno/CO2 y los minerales. Es un factor imprescindible para llevar adelante una serie de procesos fisiológicos en las plantas, siendo el más importante de toda la fotosíntesis.

La mayor parte de la luz del sol que captan las plantas es transformada en calor y solo una pequeña parte del espectro son esenciales para su crecimiento.

La luz blanca se descompone en diferentes colores (color = longitud de onda) cuando pasa por un prisma. La longitud de onda se define como la distancia de pico a pico. La energía es inversamente proporcional a la longitud de onda: longitudes de onda larga tienen menor energía que las cortas.

2.7. Sistemas Embebidos

Un sistema embebido es un ordenador más, que a diferencia de un ordenador personal, por ejemplo, carece de teclado y pantalla en la mayoría de los casos. Un sistema embebido consiste de una electrónica programable especialmente diseñada para soluciones específicas como: sistemas de telefonía fija o móvil; automatización de procesos de producción; equipos e instrumentación industrial; sistemas de transporte; electrodomésticos de todo tipo, como microondas, lavadoras, etc.; sistemas periféricos de un PC, como los MODEM, router, teclados, ratones de nueva generación, equipos multimedia, etc.

El sistema embebido es por tanto un ordenador especializado para una solución especializada, diseñado principalmente para la solución optima de la tarea o tareas a resolver; a diferencia de un PC, el sistema embebido se dota con los módulos estrictamente necesarios para su función; es una solución única en el mercado, no existe otra igual.

La incorporación de un sistema embebido proporciona a un producto un valor añadido importante que lo distingue claramente de los productos de la competencia. Esto es posible gracias a que el sistema embebido proporciona una solución más precisa y rápida en su especialidad. [52]

3. ESTADO DEL ARTE

En este capítulo, se hace la revisión de literatura, donde se describen los métodos más utilizados para la adquisición de imágenes, destinadas a alguna aplicación en particular. Con el desarrollo tecnológico podemos encontrar técnicas que van desde el uso de imágenes satelitales, pasando por sistemas aerotransportados no tripulados, hasta plataformas de visión móviles. Ver Figura 3.1

El uso de imágenes satelitales tiene un campo de acción bastante extenso, tanto en aplicaciones ambientales [32] como en la agricultura de precisión, donde es posible hacer clasificación de los cultivos [33],[38],[37]; realizar seguimiento de su estado [12],[36]; crear mapas y hasta generar nuevo software [12],[17].

En los últimos años se ha incrementado el auge en el uso de aeromodelos para distintos fines, los cuales han tenido una fuerte aceptación, ya que permiten elaborar estudios de carácter ambiental [39] y en AP. En esta última es posible hacer adquisición y procesamiento de imágenes [2],[5],[30],[41]; generar mapas hasta en tres dimensiones [1],[2],[40]; permite analizar factores de un cultivo [7],[14],[16],[29]; realizar análisis y manejo de imágenes multiespectrales [19],[43]; contrastar entre imágenes obtenidas por distintos tipos de sensores de captura [19] y en general la creación de prototipos aéreos de teledetección [13],[42].

Otro método no menos importante, es el uso de plataformas móviles de visión, que abarcan desde el diseño de robots que pueden tener seguimiento por video [44], hasta el uso en áreas como la AP, en la que es posible procedimientos que permiten diferenciar entre el fruto y las hojas [8], [34]; desarrollar software para identificar determinados parámetros (enfermedades, estado de las plantas, etc.) [6], [45], [46] y elaborar sistemas para el control de malezas [34], entre las más comunes. Ver apéndice 13.

Figura 3.1 Revisión bibliográfica de aportes y desarrollos.

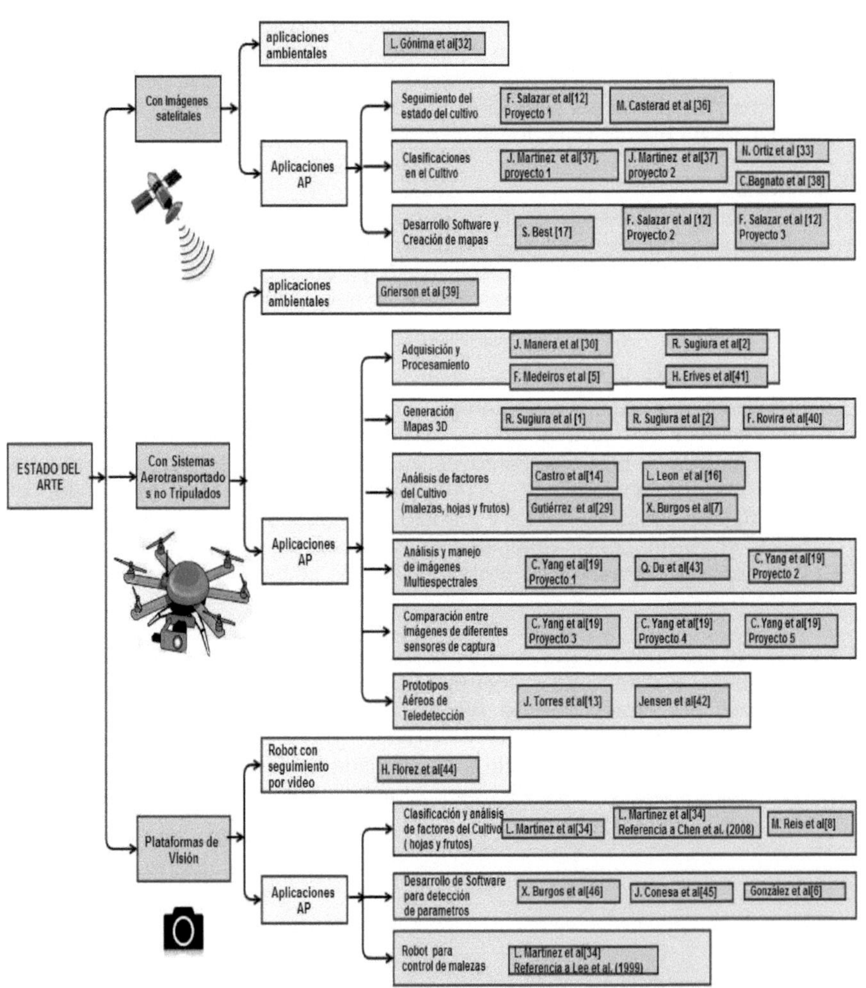

Fuente: Autores

4. DISEÑO Y CONSTRUCCION DEL SISTEMA

En este capítulo se describen los fundamentos de diseño y construcción del sistema propuesto para captura y procesamiento de imágenes desde un Vehículo Aéreo no Tripulado. Se caracterizan los módulos implementados en la estación de campo y la estación base, que se encargan de la captura, pre-procesamiento, procesamiento y visualización de los datos recogidos en campo para realizar el análisis y diagnóstico de un cultivo.

4.1. DESCRIPCIÓN DEL SISTEMA

En la Figura 4.1, se describe la plataforma propuesta para la recolección y análisis de datos tomados en campo para realizar el diagnóstico de un cultivo.

Figura 4.1 Diagrama General del Sistema Implementado.

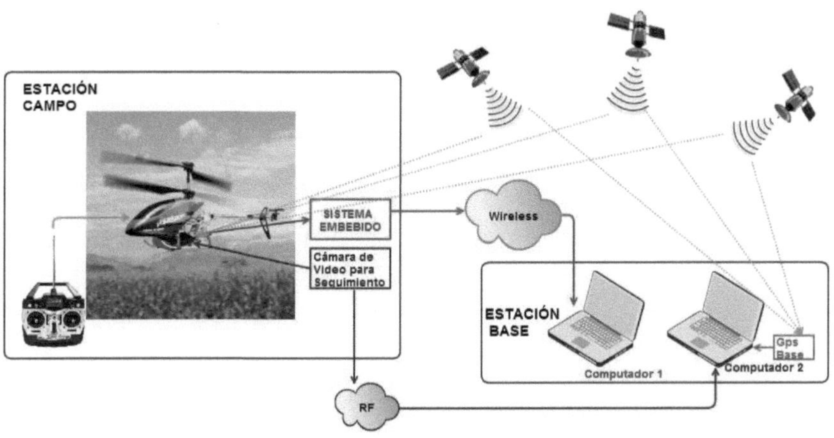

Fuente: Autores

El sistema se compone de una estación en campo (***Estación Campo***) y una estación base (***Estación Base***).

Figura 4.2 Diagrama estructural del sistema para captura y procesamiento

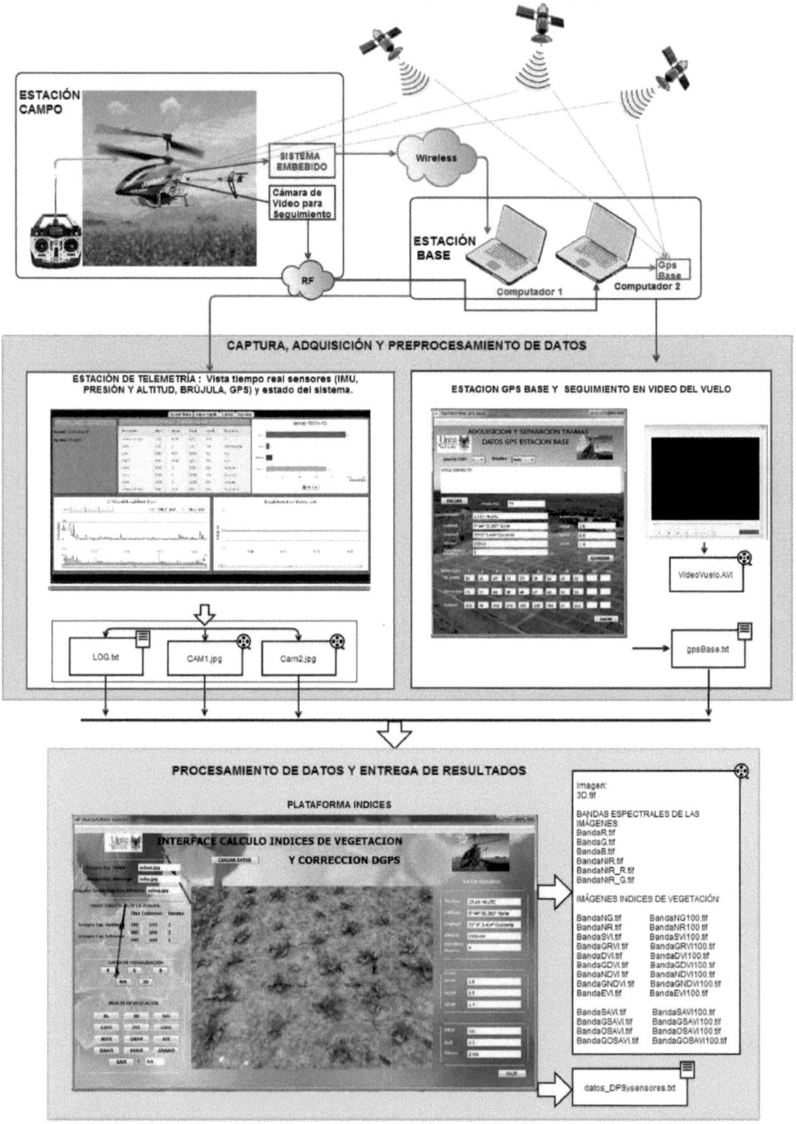

Fuente: Autores

La ***Estación Campo*** está compuesta por: un aeromodelo (Helicóptero Volitation 9053); dos cámaras (espectro visible: HD 3000, espectro infrarrojo: LS-Y201-TTL-INFRARED); los sensores: GPS (VENUS638FLPX), unidades de medición inercial (giróscopo, acelerómetro) (IMU MPU 6050), sensor de presión y altitud (LPS331AP), brújula electrónica (CMPS10) y otros dispositivos como: las baterías (Tipo LiPo y GP 1604S 6F22 9V) y el regulador de voltaje (LM2596); que mediante un sistema embebido (Beaglebone Black) permite el procesamiento y la transmisión de información vía inalámbrica a la ***Estación Base.*** Adicionalmente el aeromodelo cuenta con una cámara de video (CMOS 1/3" Color Tipo Tornillo) con transmisor incluido que envía en tiempo real el video de la captura que está realizando para hacer seguimiento de la ruta de vuelo desde la ***Estación Base.***
Para conocer las especificaciones de funcionamiento y los criterios de selección de cada dispositivo o equipo, favor remitirse al Anexo 1

La ***Estación Base*** está encargada de administrar y gestionar los datos que se recolectan en campo por medio de dos computadores: *Computador 1* (*Estación Telemetría,* (recepción de información de los sensores: IMU, GPS, Brújula, presión y altitud; estado del sistema embebido y nivel de batería) y *Computador 2* (*Estación GPS Base (Proceso de captura de la posición GPS de referencia para la corrección Diferencial) y Seguimiento en Video del Vuelo del VANT*). Para la adquisición de video se usa el receptor RF de la cámara de video (CMOS 1/3" Color Tipo Tornillo) conectada a la capturadora EasyCAP DC60; en cuanto a la captura de información del GPS en base (VENUS638FLPX) se usa el conversor USB a UART (Tx-Rx) PL2303. (Ver las especificaciones y criterios de selección en el anexo 1). En la Figura 4.2 se muestra el diagrama estructural del sistema para captura y procesamiento.

El *Computador2* recolecta la información de GPS de la estación base por medio del interfaz ***Plataforma GPS Base***, encargada de capturar, decodificar, almacenar y visualizar el código NMEA que envía el GPS. El software ***UleadVideoStudio SE DVD*** de captura d video permite visualizar el recorrido del VANT en tiempo real, como soporte para su ubicación y apoyo de referencia a la hora de capturar las imágenes y demás datos de la plataforma aérea.

Con respecto al procesamiento de datos y entrega de resultados, la ***Plataforma Índices***, aplicación en software elaborada en Python (Revisar criterios de selección en el Anexo A) permite realizar el análisis de las imágenes adquiridas y servir de apoyo para emitir un diagnóstico del cultivo. Esta aplicación obtiene información de: la ***Plataforma GPS Base***, ***Estación Telemetría*** y las fotografías capturadas por las cámaras de espectro visible e infrarrojo, realiza el cálculo de los índices de vegetación y muestra gráficamente los resultados.

A continuación se describen cada uno de los módulos mencionados en los párrafos anteriores.

4.2. ESTACIÓN CAMPO

La *Estación Campo* como se aprecian en la Figura 4.3, está compuesta por: **Aeromodelo, Sistema Embebido** y **Cámara de Video para Seguimiento.**

Figura 4.3 Diagrama General ESTACIÓN CAMPO

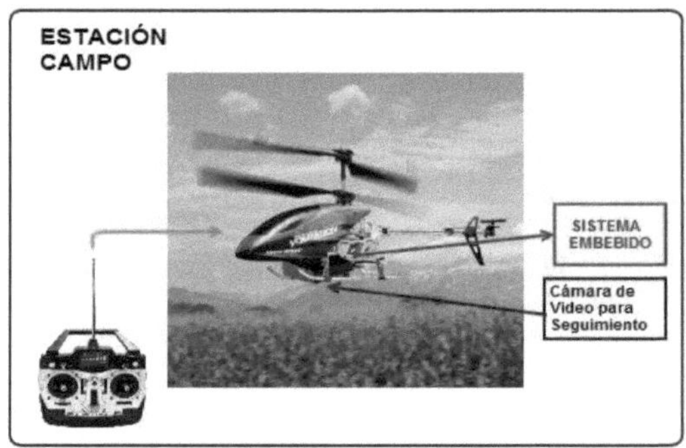

Fuente: Autores

4.2.1. Aeromodelo. El prototipo aéreo seleccionada para recopilar imágenes aéreas de los cultivos es el helicóptero Volilation 9054 (microdrones GmbH, Siegen, Alemania) teniendo en cuenta la capacidad de despegue y aterrizaje vertical. Ofrece la ventaja de no necesitar una pista de aterrizaje, permitiendo utilizarlo en una amplia gama de situaciones de vuelo y altitudes. Este aeromodelo está equipado con cuatro motores y es alimentado por una batería de litio de 7.4V a 1300 mAh. Su vuelo es dirigido por radio control de tres punto cinco canales (3.5), permitiendo movimientos hacia adelante, hacia atrás, arriba, abajo, izquierda y derecha.

Posee un diseño similar a un helicóptero real permitiendo características de vuelo en cualquier lugar al aire libre (ambientes exteriores), tiene un diseño ligero que le permite sobrevolar a gran altitud (hasta 100 mts.). Cuenta con una estructura metálica altamente resistente que puede soportar la mayoría de los accidentes. Posee un sistema con giróscopo integrado para ayudar a controlar la altitud y estabilización de vuelo. Incorpora una función completa de radio control digital de 3,5 canales que permite maniobras en variedad de direcciones (derecha / izquierda, adelante / atrás y arriba / abajo), posee un mecanismo para frenar durante el aterrizaje. El módulo trae un cargador de batería adaptado a 110 y 220V. Este helicóptero puede elevar un peso inferior a 500 gr montados bajo su estructura o tren de aterrizaje.

El transmisor de radio control es un dispositivo de mano cuyas tareas principales son el arranque de motores del vehículo, gestionar el despegue y el aterrizaje, controlar el vuelo completo en el modo manual. Está equipado con un sintetizador de modulación RF, funciona con ocho pilas AA. La estación de tierra funciona como una interface entre el operador y el vehículo aéreo.

- **Montaje en el aeromodelo del sistema embebido:** La composición de aeromodelo y el sistema embebido es llamado VANT. Todos los sensores y dispositivos de control de navegación de vuelo están incrustados en el tren de aterrizaje del vehículo y son administrados por un sistema electrónico que puede censar datos de telemetría y el estado o nivel de batería de la máquina; evitando así la pérdida ocasional de la comunicación entre el VANT y la ESTACION BASE

- **Operación de vuelo:** Dos operarios son necesarios para el uso seguro del UAV: un piloto de radio control y un operador en la *Estación Base*. El piloto de radio control, maneja de forma manual el despega y aterriza del VANT; ejecuta la ruta programada durante la operación de vuelo. El operador de la *Estación Base* controla la información proporcionada por el sistema de telemetría, es decir, la posición de VANT, altura de vuelo , velocidad de vuelo , nivel de batería , calidad de la señal de control de la radio, la velocidad del viento, calidad de las imágenes. Es recomendable la presencia de un tercer integrante con la función de observador visual que estará en busca de posibles amenazas de colisión con el resto del tráfico aéreo (por ejemplo aves).

4.2.2. Sistema Embebido. El sistema embebido es el resultado de la instrumentación presente en el VANT. Este sistema está compuesto por: Módulo de Instrumentación y la Arquitectura de software del sistema embebido. El módulo de instrumentación es el encargado de administrar los periféricos conectados a él y la arquitectura de software del sistema embebido, diagrama las funciones usadas por el procesador para realizar la adquisición y gestión de los datos por los sensores.

Figura 4.4 Hardware del sistema embebido.

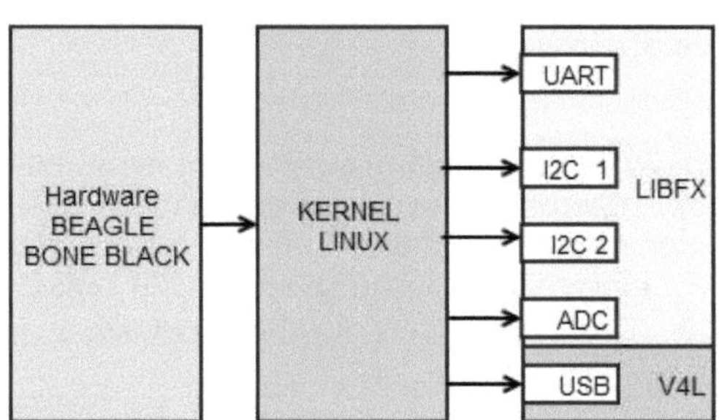

Fuente: Autores

El sistema embebido se basa en un procesador ARM CORTEX A8 AM3359 de Texas Instruments incluido en la tarjeta de desarrollo BeagleboneBlack (Ver Figura 4.4) que además posee una CPU de 2 núcleos, ejecuta instrucciones a 1GHz con 512MB de RAM DDR3, posee un procesador grafico para 3D. Cuenta con un puerto Ethernet 10/100, 1 puerto USB host y 1 USB OTG, 2GB de memoria integrada, espacio para una MicroSD e incluye dos puertos de 46 pines para poder insertar módulos de expansión. Para ver más detalles de las características y disposición de pines ver Anexo 3.

Tiene un sistema operativo GNU/ LINUX sobre el cual se desarrollara el software de captura, procesamiento de datos y monitoreo de los sensores. La estructura del sistema embebido se indica en la Figura 4.1. En general el sistema operativo Ångström Linux viene instalado por defecto, pero puede instalarse Android, Ubuntu, ArchLinux, Android, Ångström Linux, Windows CE entre otros. Viene con el IDE Cloud9 pre-instalado (código abierto basado en la web que soporta varios lenguajes de programación).

4.2.2.1 Módulo de instrumentación. El módulo de instrumentación constituye el sistema embebido, el cual está encargado de administrar los distintos periféricos que componen el sistema en este caso los sensores: GPS, IMU, brújula, presión y altitud, cámara estándar e infrarroja, Ver Figura 4.5.

Figura 4.5 Diagrama módulo de Instrumentación del sistema Embebido.

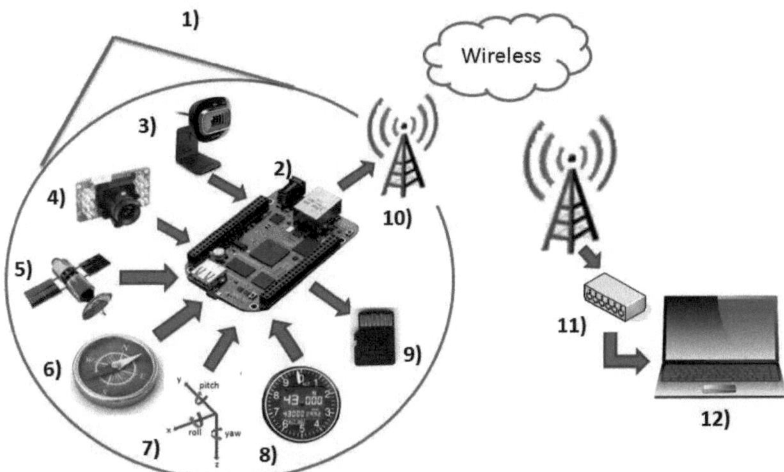

1) Aeromodelo ; 2) Beagle bone Black ; 3) Cámara espectro visible ; 4) Cámara infrarroja; 5) GPS estación campo;
6) Brújula ; 7) IMU. ; 8) Presión y Altitud; 9) Tarjeta SD; 10) Antena Wireless ; 11) Router;12) Computador 1 Estación Base

Fuente: Autores

En la Figura 4.6, se observa la PCB (Placa de circuito impreso) del sistema embebido elaborada para la distribución de dispositivos y periféricos (sensores: GPS VENUS638FLPX; IMU MPU6050; magnetómetro CMPS10; sensor de imagen infrarroja LS-Y201-TTL-INFRARED; sensor de imagen espectro visible HD3000; cámara de video CMOS 1/3" Color para seguimiento en tiempo real; regulador LM2596 DC-DC para protección de sobrecargas al sistema; HUB SIMPLY para expansión de puertos USM; antena Wireless Encore Electronics N150 para transmisión inalámbrica, potenciómetros para testeo de carga de la batería lipo King Max 2200 mAh) en la tarjeta BeagleboneBlack. Este montaje va alojado en un compartimiento que sirve para la protección de componentes en el momento de fusionar el sistema con el aeromodelo Helicóptero Volitation 9056, Ver figura 4.7

Figura 4.6 PCB del sistema embebido

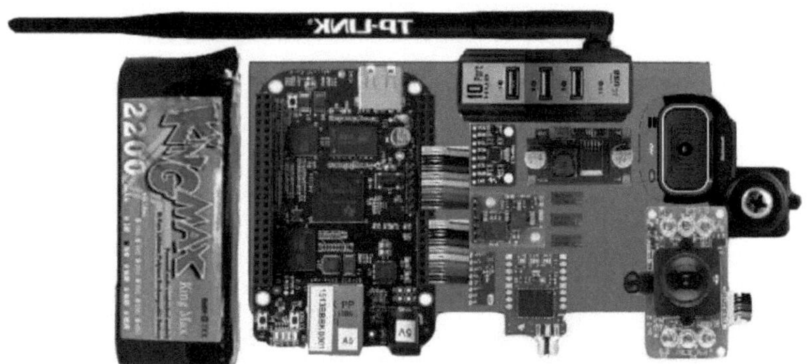

Fuente: Autores

Figura 4.7 a) Compartimiento PCB, b) VANT Volitation 9056

a)   b)

Fuente: Autores

4.2.2.2. Arquitectura de software del sistema embebido. La Figura 4.8 esboza el diagrama de la arquitectura de software usada para el sistema embebido. Caracteriza las librerías usas para la adquisición de datos de los sensores y el proceso que realiza la tarjeta de desarrollo para entregarlos a los servidores para su administración.

La adquisición de los datos desde los sensores (ver Figura 4.5) utiliza dos librerías a saber: LIBFX, V4L y LIP_LSY201. La librería LIBFX [51] está desarrollada en el lenguaje de programación C++, contiene los distintos controladores para administrar los periféricos del sistema embebido entre los que destacamos: UART_GPS, I2C_IMU, I2C_LPS, ADC_NIVEL y librerías complementarias para procesamiento como lo son: LNMEA y FILTROAHRS. La librería V4L se encarga de la configuración y administración de los controladores de video, también escrita en lenguaje C++. Por último, la librería LIP_LSY201 desarrollada en código python configura la cámara LSY201 o cámara NIR (Infrarroja).

Figura 4.8. Arquitectura del software del sistema

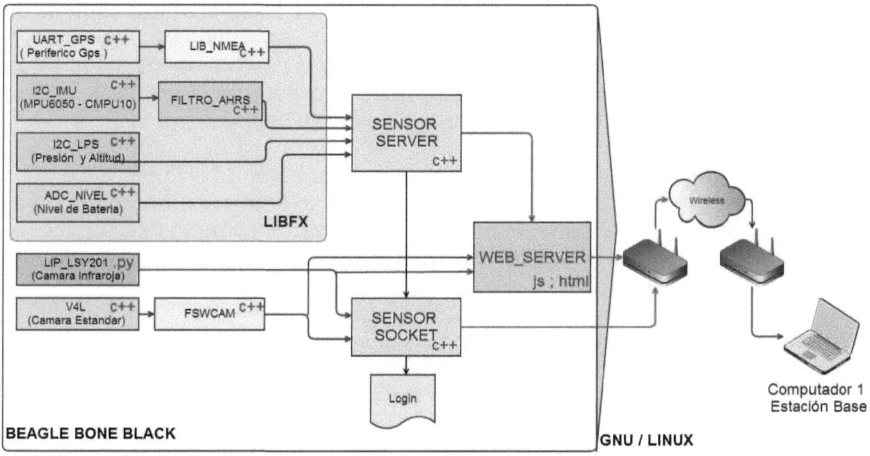

Fuente: Autores

Los controladores administrados por la librería LIBFX:

A. **Periférico GPS:** El GPS posee comunicación UART configurado por defecto a una velocidad de 9600 baudios. Proporciona los códigos NMEA: GPRMC, GPGSA, GPGGGA y GPGSV. UART_GPS permite la configuración y habilitación del puerto; está encargada de capturar las tramas de datos NMEA. LNMEA, es una librería complementaria para la interpretación de los datos provenientes del GPS en campo como: fecha; hora; latitud; longitud; dirección; velocidad; altitud; satélites usados: indicando su id, elevación, azimut; los errores percibidos por el GPS como: PDOP, HDOP, VDOP.

B. **CMP10 e IMU MPU6050**: El Magnetómetro (brújula) e IMU es administrado por la librería I2C_IMU que configura los sensores y la captura de los datos. Como procesamiento adicional, se filtran los datos a partir del filtro AHRS (Sistema de Referencia de Actitud y rumbo) al combinar las señales, obtiene los ángulos mediante un algoritmo vectorial y un filtrado básico; esto permite obtener una estimación o seguimiento on-line de señales no observables y calcular la orientación en 3D programado en FILTROAHRS. Como resultado se obtiene datos concernientes a la posición del aeromodelo (pitch, roll y dirección).

C. **Sensor de Presión y Altitud:** En el momento de establecer la altitud, se utiliza el sensor de presión barométrica registrando la elevación con respecto al nivel del mar. Para la configuración del puerto I2C y la captura de los datos se usa la sub librería I2C_LPS encargada de este proceso. La medida de altitud es capturada con el fin de dar soporte a la medición brindada por el GPS.

D. **Batería LIPO:** Para establecer el estado de la batería LIPO, se debe conocer su voltaje y garantizar que cada celda no sea inferior a 3v. Lo anterior, es con el fin de prevenir daños en la batería y garantizar el correcto funcionamiento de la tarjeta. Para ello se testea su nivel o estado por medio de la sub librería ADC_NIVEL.

La Librería V4L se encarga de administrar los dispositivos de video y configura los controladores de la cámara USB para su óptimo funcionamiento. Para realizar la captura de la imagen se usa la aplicación FSWCAM. La fotografía obtenida es de una resolución de 640x480 pixeles, esta es enviada a los servidores: WEB_SERVER y SENSOR SOCKET para su posterior procesamiento.

La cámara infrarroja, tiene una velocidad de transmisión 38400 baudios, se configura a una resolución de 640x480 pixeles para la captura de la imagen; la librería LIP_LSY201 es la encargada de activar la cámara, realizar la captura y enviar a los servidores: WEB_SERVER y SENSOR SOCKET

El procesamiento para la administración de datos en la tarjeta, se encuentra gobernado por tres servidores: SENSOR_SERVER, SOCKET_SERVER y WEB_SERVER. El SENSOR_SERVER se encarga de dirigir la captura de datos de los distintos sensores (GPS, IMU, brújula, barómetro) para posteriormente ser enviados a SOCKET_SERVER y WEB_SERVER.

SOCKET_SERVER tiene como función aceptar las solicitudes de los distintos usuarios con conexión a la tarjeta de desarrollo BeagleboneBlack vía protocolo TCPIP cuando estos solicitan las capturas de imágenes y estado de los sensores en determinado instante.

El servidor web WEB_SERVER basado en nodejs, se encarga de mostrar a los usuarios que se conectan a la tarjeta vía web el estado del sistema. Indica la telemetría del sistema embebido al mostrar en una aplicación web ESTACIÓN DE TELEMETRIA los valores de los sensores (posición, altura, nivel de batería, dirección, satélites, rumbo, status del sistema) en tiempo real y genera un archivo LOG.txt con los valores de los sensores en el momento de realizar la captura de las fotografías.

La información capturada mediante SOCKET_SERVER y WEB_SERVER es analizada en el software desarrollado para determinar los índices de vegetación: PLATAFORMA INDICES.

4.2.2.3. Cámara de video para seguimiento. Debido a que la transmisión de imágenes en tiempo real es un proceso que requiere gran cantidad de procesamiento, se optó por utilizar una forma de visualización que fuera independiente al sistema, ver Figura 4.9. Es por esto que se usó una cámara CMOS 1/3 " color tipo tornillo con transmisor RF que envía la captura en video en tiempo real del recorrido con el VANT para así tener un soporte o ayuda y mantener la ruta y posición del prototipo en el lugar establecido.

Figura 4.9. Cámara RCA para seguimiento del vuelo

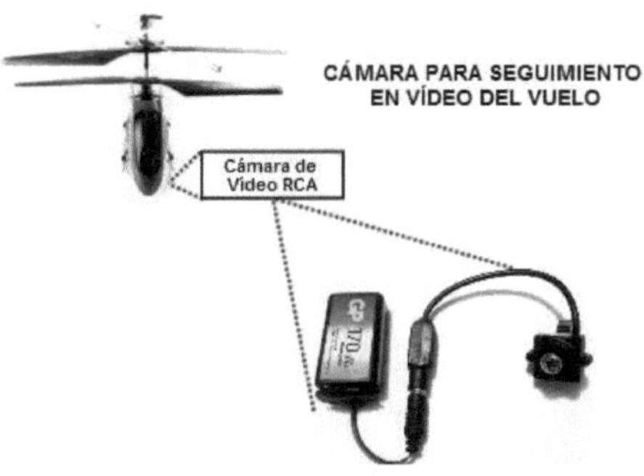

Fuente: Autores

4.3. ESTACIÓN BASE

Figura 4.10. Estructura de la estación base

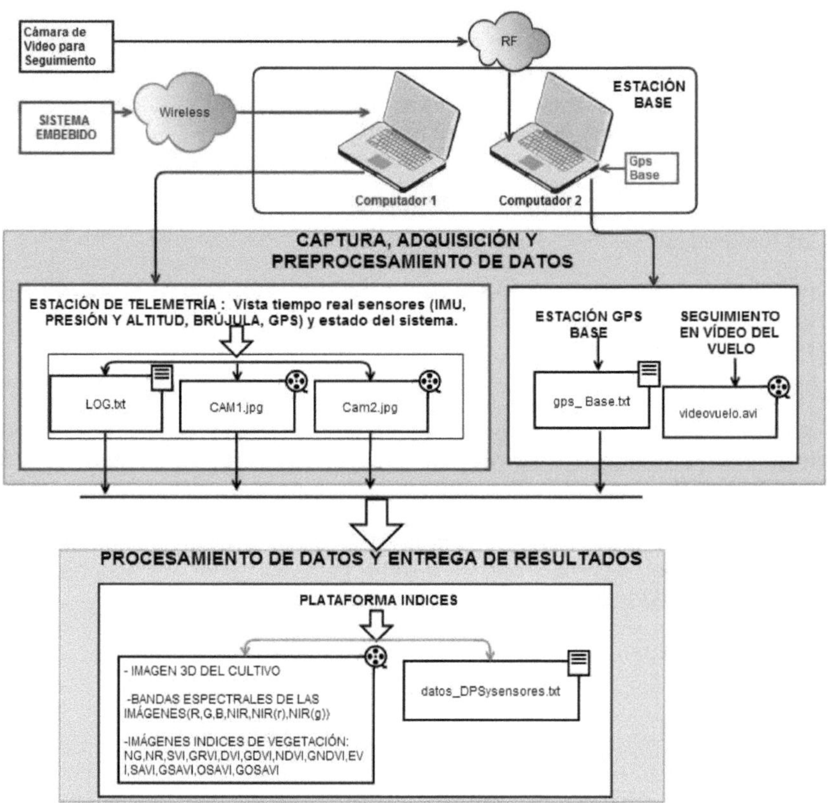

Fuente: Autores

Como se muestra en la Figura 4.10, la ESTACIÓN BASE es administrada por los
computadores 1 y 2. Cada uno está encargado de gestionar aplicaciones para: la
captura, adquisición y pre-procesamiento de datos y el procesamiento de datos y
entrega de resultados. Con respecto a la captura, adquisición y pre-procesamiento
de datos; el computador 1 muestra la visualización de la aplicación web
ESTACION DE TELEMETRÍA; mientras el computador 2 gestiona las aplicaciones

ESTACION GPS BASE y MONITOREO EN VIDEO DEL VUELO. Para realizar el procesamiento de datos y entrega de resultados la aplicación PLATAFORMA INDICES toma los archivos generados por ESTACION DE TELEMETRÍA y ESTACION GPS BASE; realizar la corrección diferencial DPGS de la posición donde se tomaron las fotografías en campo y calcula los índices de vegetación para el cultivo.

4.3.1. Estación de telemetría. La visualización y captura de los datos que son recolectados en campo por el sistema embebido la administra el servidor WEB_SERVER. WEB_SERVER permite por medio de la pagina web ESTACIÓN DE TELEMETRIA desarrollada en lenguaje nodejs (para diagramación y visualización de datos de sensores) y javascript (visualización de las imágenes capturadas) monitorear en tiempo real el VANT, es de acceso al usuario por protocolo TCPIP. Ver Figura 4.11

Figura 4.11. Arquitectura de software de la estación de telemetría para visualización y captura.

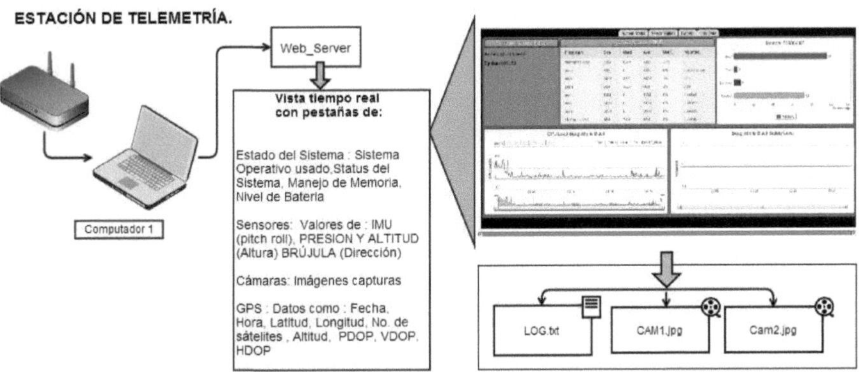

Fuente: Autores

La página web ESTACION TELEMETRIA se divide en 4 pestañas para la visualización de la información: Status Sistema, Sensores, Cámaras y GPS. Status Sistema, diagrama el manejo de memoria del sistema, monitor de CPU, status carpetas del sistema, nivel de Batería y a modo de comentario Sistema operativo usado y tiempo de ejecución. Sensores, Indica los valores que proporciona el IMU para conocer la inclinación del VANT por pitch y roll; con respecto al sensor de presión y altura permite tener otra referencia para establecer la coordenada z de la posición del VANT, por último se tiene el compas que nos indica el sentido al cual se está moviendo nuestra plataforma aérea. Cámaras, carga las imágenes capturadas por la cámaras tanto de espectro visible e infrarrojo para determinar si son correctas o no. GPS, muestra los datos decodificados del código NMEA del GPS ubicado en el VANT con el fin de precisar la posición geográfica en la que el sistema se encontraba en la toma de datos.

El archivo generado por el uso de la página web, crea un historial LOG.txt donde se guardan datos como: fecha, hora, latitud, longitud, número de satélites, altitud, elevación, PDOP, HDOP, VDOP, pith, roll y dirección de cada captura fotográfica que se realice para establecer su posición.

4.3.2. Estación GPS base. Para establecer un punto de referencia y realizar la corrección diferencial DPS de los datos tomados por la estación campo es necesario tener una estación GPS base como lo muestra la Figura 4.12

Figura 4.12. Diagrama instrumentación y software de la Estación GPS base

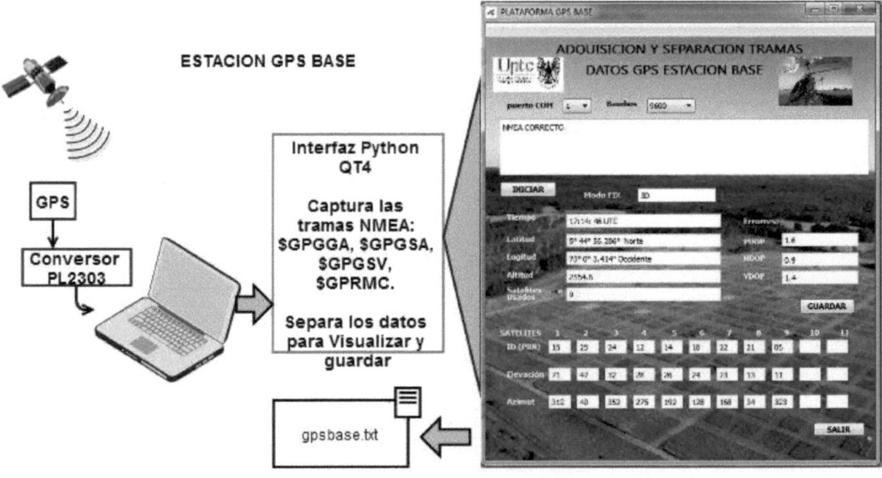

Fuente: Autores

Los dispositivos electrónicos de la Estación GPS Base utilizados son: módulo GPS VENUS638FLPX, conversor UART-USB PL2303 y antena GPS activa para tener mejor recepción. En la figura 4.13, se encuentra el diagrama PCB de este sub-sistema.

Figura 4.13. PCB GPS estación Base.

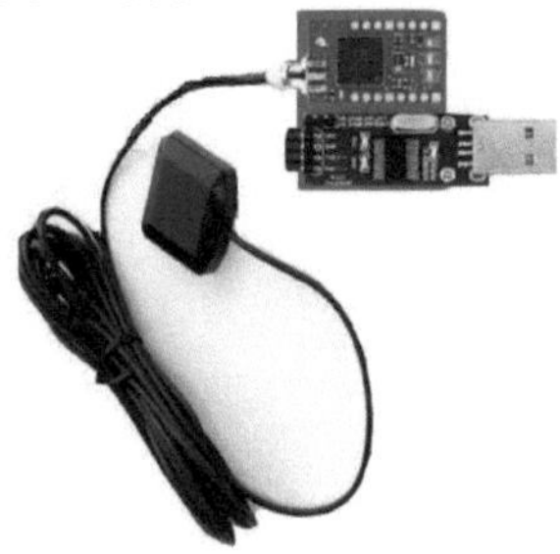

Fuente: Autores

La interface PLATAFORMA GPS BASE desarrollada bajo lenguaje python y QT4 Designer; habilita el puerto COM para la comunicación del GPS hacia el computador a una velocidad de 9600 baudios. Captura, separa y visualiza los datos GPS de las tramas NMEA: GPRMC, GPGSA, GPGGGA y GPGSV. Obteniendo datos como: fecha; hora; latitud; longitud; dirección; velocidad; altitud; satélites usados: indicando su id, elevación, azimut; los errores percibidos por el GPS como: PDOP, HDOP, VDOP; almacenados en archivo historial gpsbase.txt para su posterior análisis.

5.3.3. Monitoreo en video del vuelo. Para monitorear el vuelo del VANT se maneja un sistema de captura, transmisión, recepción independiente al sistema embebido como se ilustra en la Figura. 4.14

Figura 4.14. Dispositivos usados para la recepción del video.

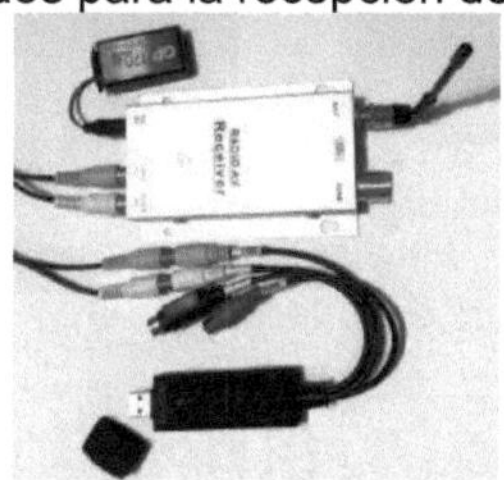

Fuente: Autores

Figura 4.15. Estructura montaje de monitoreo en video del vuelo.

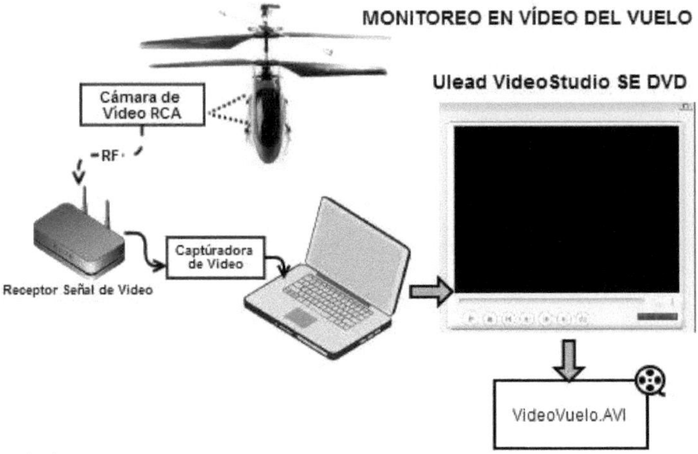

Fuente: Autores

La cámara de video RCA instalada en el VANT posee un transmisor RF interno. La señal de video emitida por la cámara, es recibida por el receptor RF sintonizado en el canal de transmisión de la cámara. Dado que se adquiere una señal análoga de video es necesario usar un conversor de video análogo a digital, en este caso la capturadora de video EasyCap, para poder visualizar en el computador, ver Figura 4.15. Por medio del software Ulead VideoStudio SE DVD que proporciona la capturadora EasyCap se configura la resolución y tipo de video. Este software tiene un interface donde se puede visualizar el video que se está tomando a partir de la cámara RCA.

4.3.4. Plataforma Índices. Interfaz, desarrollada en lenguaje python y qt4Designer. Realizar el procesamiento de datos y entrega de resultados para realizar el diagnóstico del estado del cultivo. En este software se cargan las fotografías capturadas por la cámara de espectro visible e infrarroja; el archivo Log.txt que entrega la Estación Telemetría y archivo historial gpsbase.txt. Como se ilustra en la Figura 4.16; la interfaz realiza tres funciones básicas: Procesar las imágenes, realizar la corrección diferencial DGPS y visualizar en la interfaz los datos y parámetros finales.

Figura 4.16. Estructura Plataforma índices

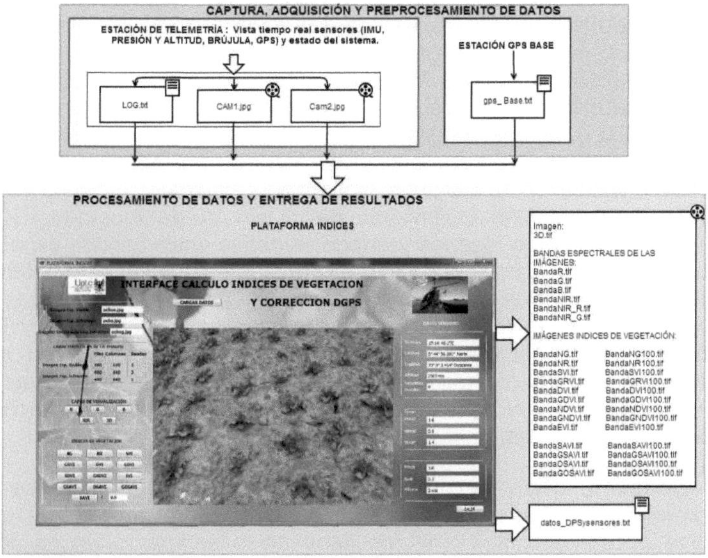

Fuente: Autores

A. **Procesamiento de las imágenes:** Este software, desarrolla un algoritmo de procesamiento de las imágenes que permita realizar: la caracterización y diagnóstico de una unidad agrícola productiva. La caracterización se realiza por medio del cálculo de los índices de vegetación. En cuanto al diagnóstico, se realiza una segmentación de cada índice para resaltar sus características.

-Caracterización: Para iniciar el proceso de caracterización las imágenes se realiza el siguiente ciclo: Cargar las imágenes; establecer su atributos (filas, columnas, bandas) para identificar que posean el mismo tamaño; realizar la descomposición espectral de la imagen de Espectro Visible(normal.jpg) y guardarlos en variables de datos (data_R, data_G, data_B) e imagen (BandaR.tif, BandaG.tif, BandaB.tif); realizar la descomposición espectral de la imagen de Espectro Infrarrojo(infrarrojo.jpg) y guardarlos en variables de datos (dataNIR_R y dataNIR_G) e imagen (BandaNIR_R.tif, BandaNIR_G.tif);convertir la imagen (infrarrojo.jpg) a escala de grises y guardarlos en variables de datos (dataNIR) e imagen (BandaNIR.tif)

66

En cuanto al cálculo de los índice de vegetación: Índice Verde Normalizado(NG),Índice Rojo Normalizado(NR),Índice Simple de Vegetación (RVI),Índice de Vegetación Verde Rojo (GRVI), Índice de Diferencia Vegetativa(DVI), Índice de Vegetación Verde (GDVI), Índice de Vegetación Normalizado(NDVI), Índice de Vegetación de Diferencia Normalizada Verde(GNDVI), Índice de Vegetación Mejorado(EVI), Índice de Vegetación Ajustado al Suelo (SAVI), Índice de Vegetación Ajustado al Suelo Verde (GSAVI), Índice de Vegetación Optimizado Ajustado al Suelo (OSAVI) y el Índice De Vegetación Optimizado del Suelo Verde Ajustado (GOSAVI); se realiza por medio de razones y ortogonalidades entre bandas espectrales, con correcciones por el uso del suelo. Las constantes usadas para determinar cada índice de vegetación se fundamentaron en las utilizadas por los sistemas satelitales (Ver tabla 2.1). Los índices calculados muestran información correspondiente a la vegetación y uso del suelo. Se restringe su escala para exaltar los parámetros más importantes, además los datos en bruto se exaltan a multiplicar por 100 para ayudar en la identificación de características en el momento del análisis.

-Diagnóstico: Para establecer el diagnóstico del cultivo, se realiza la segmentación de las imágenes según los índices de vegetación y el estado del cultivo o cada planta. Como resultado de la segmentación se determina la vegetación y no vegetación presentes en la plantación, por medio de la intensidad del nivel de gris de la imagen. Si la planta está enferma o con alguna dificultad el valor de la intensidad del color se disminuye.

A través de las imágenes resultantes por la segmentación de cada uno de los índices de vegetación, se procede a realizar el análisis para determinar el estado general del cultivo. Este tema se profundiza en el capítulo 5.

B. **Corrección diferencia DGPS:** La corrección diferencial DGPS se realiza al comparar las diferencias de los datos: Estación Base y Estación Campo; con respecto a un parámetro de referencia (posición de coordenadas conocidas) para establecer el error que entrega cada GPS en los parámetros de posición. Estos datos se guardan en el archivo datosDPS_sensores.txt.

C. Visualización en la interfaz: La visualización que se genera en la plataforma índice indica: atributos de las imágenes usadas; datos con corrección DGPS de la posición de captura; elevación, alabeo e inclinación del VANT en el momento de la toma de las imágenes; Figura 3D del terreno de estudio y por supuesto cada uno de los índices de vegetación mostrando: datos en bruto, con realce y segmentación. Cada imagen visualizada en la interfaz se guarda automáticamente para su posterior análisis.

5. RESULTADOS

Este capítulo describe la unidad productiva agrícola seleccionada para poner a prueba el sistema de adquisición, pre-procesamiento y procesamiento de la información; el modo de inicialización y puesta en marcha de la plataforma de y análisis de resultados para la realización del diagnostico del cultivo.

6.1. SITIO DE ESTUDIO Y MUESTREO DE CAMPO

El sistema de adquisición y procesamiento fue probado en un cultivo de lechugas el cual se encuentra ubicado en la vereda de Patrocinio Bajo, finca El Tobal, en la ciudad de Tibasosa (Boyacá, Colombia). Se seleccionó el cultivo de lechugas porque esta es una de las principales hortalizas cultivadas en la región, además debido al espacio que ocupa cada planta, permite identificar claramente las características de las plantas y el suelo. Se delimitó el campo de cultivo a una parcela experimental para llevar a cabo el estudio.

Teniendo en cuenta que el cultivo de lechuga tiene un periodo de desarrollo corto (aproximadamente 75 días), para realizar el análisis y diagnóstico del cultivo se realizaron varias tomas fotográficas para hacer seguimiento al proceso fenológico donde: la fotografía numero uno se tomó el día cuarto después de la siembra y de ahí en adelante en los días: 9, 15, 20, 25, 30, 35 y 40. Teniendo un total de 8 fotografías en periodos de tiempo diferente.

5.2. MANUAL DE MANEJO DE LA PLATAFORMA PROPUESTA

Para poner en funcionamiento el sistema de recolección y análisis de datos se debe realizar: una pre-revisión del estado del sistema(niveles de batería y correcto funcionamiento del VANT); conectar e inicializar los sistemas electrónicos involucrados (GPS estación base, sistema embebido, Cámara de seguimiento del vuelo); inicializar las plataformas de adquisición de datos(interfaz python GPS estación base, pagina web de la Estación Telemetría) y software para el seguimiento del vuelo; toma del parámetro de referencia para realizar el proceso de corrección diferencial DGPS; iniciar el proceso de captura y recolección de datos por medio de las plataformas; realizar el cálculo de los índices de vegetación y corrección diferencial; por último, dar diagnóstico a partir de la imágenes procesadas.

A continuación se describe cada uno de los procesos mencionados en el párrafo anterior para la puesta en marcha del sistema.

5.2.1 Pre revisión del estado del sistema. A partir de este proceso se determina el estado del sistema y estima el tiempo de vuelo del VANT.

1. Revisar el nivel de batería del control de RC y del helicóptero Volilation 9054)
2. Realizar pre-vuelo (comprobar que las funciones del control RC en el helicóptero sea las correctas)
3. Revisar el nivel de la batería de alimentación al sistema embebido de la tarjeta BeagleboneBlack
4. Revisar el nivel de batería de la cámara CMOS

5.2.2. Conexión e inicialización de los sistemas electrónicos. Dado que la *Estación base* involucrar a dos equipos de computo para la recepción de los datos tomados en campo; se enciende e inicializa los sistemas teniendo en cuenta que: el *computador 1* se encarga de la **Estación Telemetría** y el *computador 2* de la recolección de datos **Estación GPS base** y del seguimiento en video del vuelo.

A. Estación Telemetría. Para poner en marcha esta estación encargada de la recepción de datos del VANT se debe inicializar la tarjeta de desarrollo BeagleboneBlack.

Como fase inicial se debe conectar el sistema embebido a la alimentación por medio del regulador voltaje (LM2596) que garantiza un voltaje 5Vdc por la entrada de la batería LIPO de 7.4 v a 2200mA para mantener los requerimientos de corriente de cada uno de los sensores y otros periféricos que está usando el sistema (alimentación del HUB USB para conexión de la antena Wireless y la cámara de Espectro Visible (HD3000)) como se realizo en el montaje PCB del sistema embebido, ver figura 4.6.

Para iniciar la ejecución de la tarjeta, por medio de lenguaje de consola (Terminal) bajo entorno LINUX se envía los comandos donde:

1. Se arranca la tarjeta, al ingresar al IP: 192.168.7.2, dirección establecida por defecto.

2. Ejecuta el servidor SENSOR_SERVER para habilitar la disponibilidad de captura de datos de los sensores por canales de recepción.

3. Iniciar el GPS, configuración y activación

4. Iniciar los sensores, configuración y activación

5. Iniciar SOCKET_SERVER dado que este servidor administrar el envió de información a la página web.

B. *Estación GPS base.* Para iniciar esta estación administrada por el computador 2, se conecta la PCB de esta estación, ver Figura 4.13 a uno de los puertos USB del computador para permitir la alimentación y así dar arranque al GPS para obtener la ubicación.

C. *Seguimiento en Video del Vuelo del VANT.* Realizar la conexión de los dispositivos usados para la recepción en video, ver Figura 4.15 y conectar al puerto USB 2.0 del computador 1.

5.2.3. Inicializar las plataformas de adquisición de datos. Para ello se abre la *interfaz en python Plataforma GPS* base; *la página web* de la Estación Telemetría y el software *UleadVideoStudio SE DVD* para el seguimiento del vuelo.

A. *Interfaz python Plataforma GPS base.* Al ejecutar esta interfaz (ver Figura 5.1), comprueba y lista los puertos COM conectados al computador. Por ello en la aplicación del interfaz se debe seleccionar: el puerto COM al cual está conectado el GPS de esta estación (Por lo general es COM1) y la velocidad en Baudios de la transmisión (9600). Al darle clic en el botón INICIAR permite comprobar que el GPS está adquiriendo de manera correcta y se espera hasta que entre al modo FIX 3D para tener mayor fiabilidad en los datos capturados.

Figura 5.1 Interfaz python Plataforma GPS base

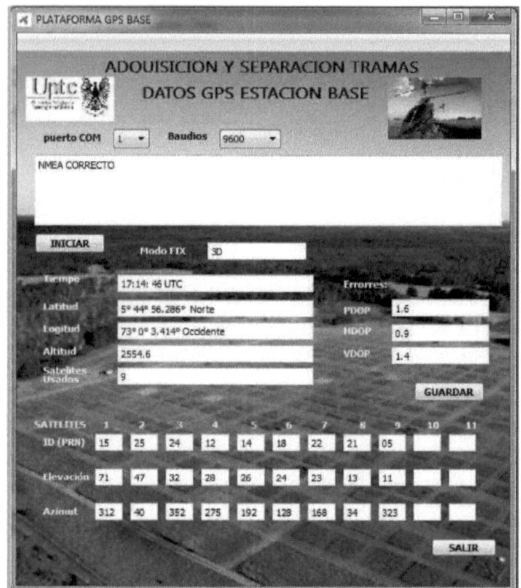

Fuente: Autores

B. Página web de la Estación Telemetría. Como siguientes pasos lógicos luego de inicializar la tarjeta BeagleboneBlack es:

1. Encender WEB_SERVER por lenguaje consola, dado que esté servidor realiza la diagramación en la página web sobre el estado del sistema, sensores y las fotografías. Un tiempo prudente permite que los sensores se inicien correctamente como el GPS para que entre en modo FIX 3D.

2. Abrir la pagina web con dirección IP: 192.168.7.2: 3000. A través de esta dirección se ingresa la visualización de Telemetría del sistema que permite tener un seguimiento en tiempo real del estado del sistema (ver Figura 5.2); enviar la orden de captura de las fotografías y generación del archivo log.txt.

Con este proceso ya se tiene en marcha la ejecución del sistema embebido; los datos de los sensores y el estado del sistema poseen una visualización en tiempo real en cada una de las pestañas de la página como se explicó en la sección 4.3.1 del capítulo anterior.

Figura 5.2 Página Web estación Telemetría

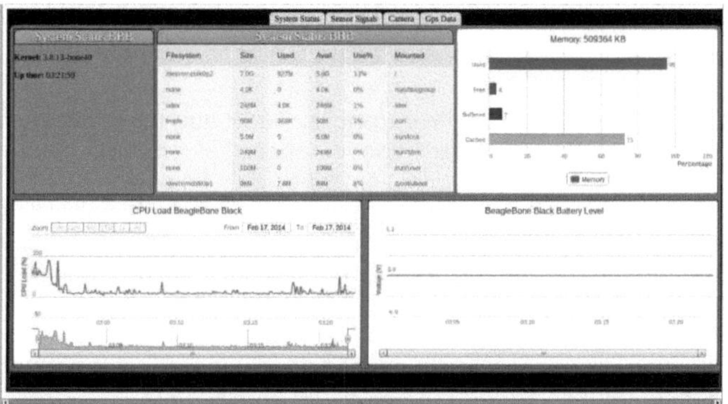

Fuente: Autores

C. *Software para el seguimiento del vuelo.* El software UleadVideoStudio SE DVD (ver Figura 5.3), permite realizar la captura en video para hacer seguimiento del vuelo del VANT. En este software posee un *Asistente de películas UleadVideoStudio SE DVD* en el cual se configura el origen de captura (Capturadora EasyCAP DC60); el formato para guarda el video (AVI) y la ruta en el computador para guardar el archivo.

Figura 5.3 Software para el seguimiento del vuelo.

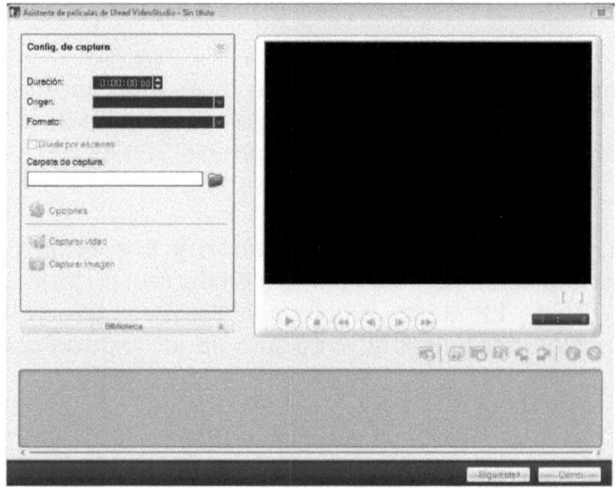

Fuente: Autores

Dado que el receptor RF de la cámara CMOS para realizar el seguimiento posee un sintonizador manual, se debe sintonizar el receptor para que reciba la señal de la cámara correctamente.

5.2.4. Toma del parámetro de referencia. Dado que para realizar el proceso de corrección diferencial DGPS se debe comparar el error presente en los datos capturados con respecto a una posición conocida. Se coloca el VANT y el GPS de la Estación Campo en una ubicación cercana para tomar estos datos recolectados como parámetros de referencia para establecer el error presente en las demás mediciones tomadas por el sistema. En el interface *Plataforma GPS base* se da clic en el botón INICIAR, este toma la los valores NMEA y guarda en el archivo gpsbase.txt hasta que se deshabilite el botón; en la página web se realiza la captura de una imagen (en este caso una vista del suelo) donde se tiene la referencia en el primer columna del array del archivo log.txt.

5.2.5. Iniciar el proceso de captura y recolección de datos en campo. Una vez establecido el parámetro de referencia, se puede iniciar el vuelo del VANT para realizar la captura y recolección de datos del cultivo. Al tener ubicado el VANT en el sección la sección de la parcela para llevar a cabo el estudio por medio de la herramienta de monitoreo en tiempo real del vuelo. En el interface *Plataforma GPS base* se da clic en el botón INICIAR para iniciar la captura valores NMEA de la estación base; en la página web TELEMETRIA se realiza la captura de una imagen y los datos concernientes a los sensores y estado del sistema almacenados en archivo log.txt.

Luego de tomar los datos con el VANT se deja de almacenar información por la *Plataforma GPS base;* por consola se apaga la tarjeta de desarrollo y se detiene la captura de video en el software UleadVideoStudio SE DVD.

5.2.6. Cálculo de los índices de vegetación y corrección diferencial. Esta función la realiza la Interfaz Plataforma Índices (ver Figura 5.4) desarrollada en código python donde toma los archivos historiales .txt y las fotografías para realizar la corrección diferencial y el cálculo de los índices como se explicó en la sección 4.3.4.

Figura 5.4 Interfaz Plataforma Índices

Fuente: Autores

5.2.7. Diagnóstico a partir de las imágenes procesadas. Una vez procesada las imágenes se proceda a analizar los índices de vegetación para determinar el estado del cultivo comparando imágenes de diferentes etapas fenológicas. Este análisis se encuentra en la sección 5.3

5.3 DIAGNÓSTICO DE CULTIVOS. ANALISIS DE LOS INDICES DE VEGETACIÓN

Para el análisis y diagnóstico del cultivo se analizan las imágenes correspondientes al momento de hacer la plantación y 6 semanas después en un cultivo de lechuga. Con ello, se determina los cambios que se han presentado en el cultivo durante sus fases fenológicas más relevantes.

Cada imagen está compuesta por su espectro visible (figura 5.5) e infrarrojo cercano (figura 5.6) tomadas por el sistema de captura y transmisión de datos (*Estación campo*). Estás imágenes son procesadas por la plataforma índices de vegetación para así obtener la caracterización del cultivo y el diagnóstico el cual requiere interpretar, analizar y comparar cada índice junto con una adecuada segmentación teniendo en cuenta el estado fenológico.

Figura 5.5 Imagen espectro visible

Fuente: Autores

Figura 5.6 Imagen espectro NIR

Fuente: Autores

En las figuras que se aprecian a continuación se muestran los resultados obtenidos para suelo desnudo y con cultivo en crecimiento. Se muestran los índices de vegetación calculados y el procedimiento de segmentación de la vegetación según las escalas nominales de los índices para discriminar entre cobertura vegetal y no vegetal. Los valores de escala para coberturas de estos dos tipos evidencian los cambios en los valores de escala de índice según el crecimiento del cultivo, permitiendo de esta forma cuantificar y cualificar el estado del cultivo en cuanto a que valores más altos representan mayor contenido de biomasa, mayor contenido de agua en las hojas y concentración de clorofila. Esta información es útil para cualificar grandes extensiones cultivadas y encontrar los lugares en donde el estado de las plantas no es adecuado (correspondiente a menor valor en el índice de vegetación).

75

La Figura 5.7 muestra el Índice de Diferencia Vegetativa (DVI); la figura 5.8 el Índice de Vegetación Verde (GDVI); la figura 5.9 el Índice de Vegetación de Diferencia Normalizada Verde (GNDVI); la figura 5.10 el Índice De Vegetación Optimizado del Suelo Verde Ajustado (GOSAVI); la figura 5.11 el Índice de Vegetación Verde Rojo (GRVI); la figura 5.12 el Índice de Vegetación Ajustado al Suelo Verde (GSAVI); la figura 5.13 el Índice de Vegetación Normalizado (NDVI); la figura 5.14 el Índice Verde Normalizado(NG); la figura 5.15 el Índice de Vegetación Optimizado Ajustado al Suelo (OSAVI); la figura 5.16 el Índice de Vegetación Ajustado al Suelo (SAVI); la figura 5.17 el índice Simple de vegetación (SVI); la figura 5.18 muestra el Índice de Vegetación Mejorado (EVI) y la figura 5.19 el Índice Rojo Normalizado(NR). Las figuras a y c corresponden a suelo desnudo sin segmentación y con segmentación respectivamente y las figuras b y d corresponden a suelo cultivado con segmentación y sin segmentación mediante índices de vegetación, respectivamente.

Las figuras a y b se multiplican sus valores por cien para que sean más perceptibles al ojo humano, en la visualización mediante la aplicación desarrollada en Python. Se resalta que todos los índices representan información del estado fenológico de la planta y entre más alto sea su valor, el estado de las plantas es el más apropiado.

La variación de los índices de vegetación entre dos fechas distintas indica el aumento o disminución de la cantidad de verde en la vegetación, lo cual está directamente relacionado con el estado hídrico de las plantas.

En general todos los índices representan un comportamiento definido de la vegetación basados en su respuesta espectral frente a las radiaciones rojas e infrarrojas del espectro electromagnético; donde podemos inferir el estado en que se encuentra un cultivo, permitiendo de esta forma caracterizar y mostrar un diagnóstico sobre el desarrollo de cada planta.

Figura 5.7 Estimación banda espectral índice DVI

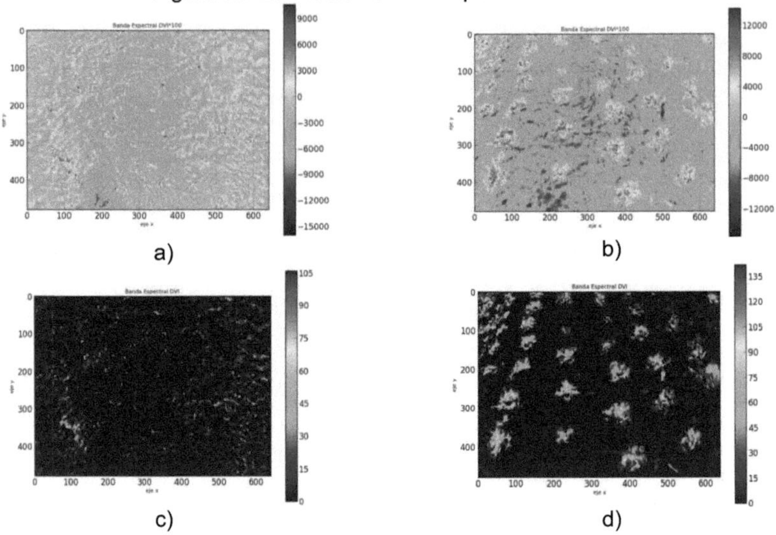

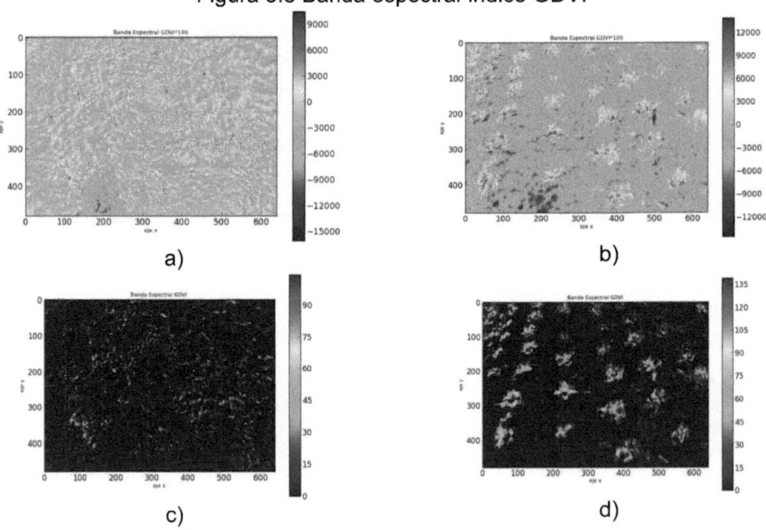

Fuente: Autores

Figura 5.8 Banda espectral índice GDVI

Fuente: Autores

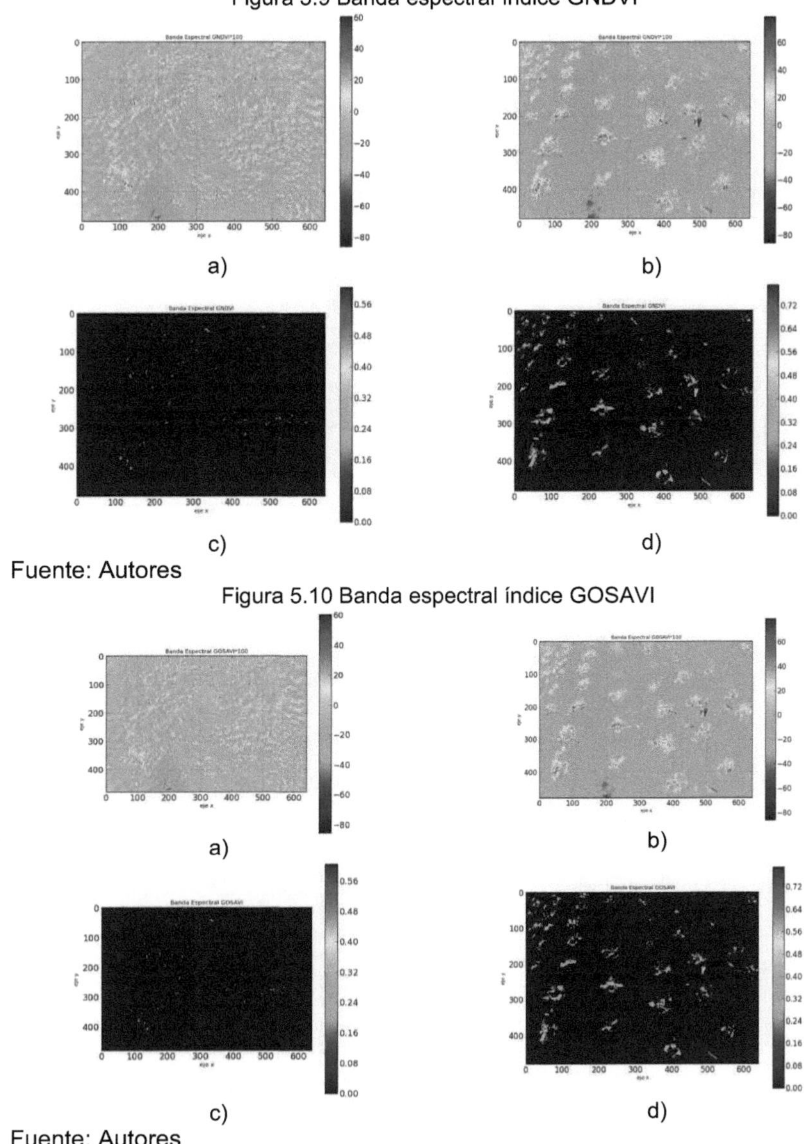

Figura 5.9 Banda espectral índice GNDVI

a)

b)

c)

d)

Fuente: Autores

Figura 5.10 Banda espectral índice GOSAVI

a)

b)

c)

d)

Fuente: Autores

78

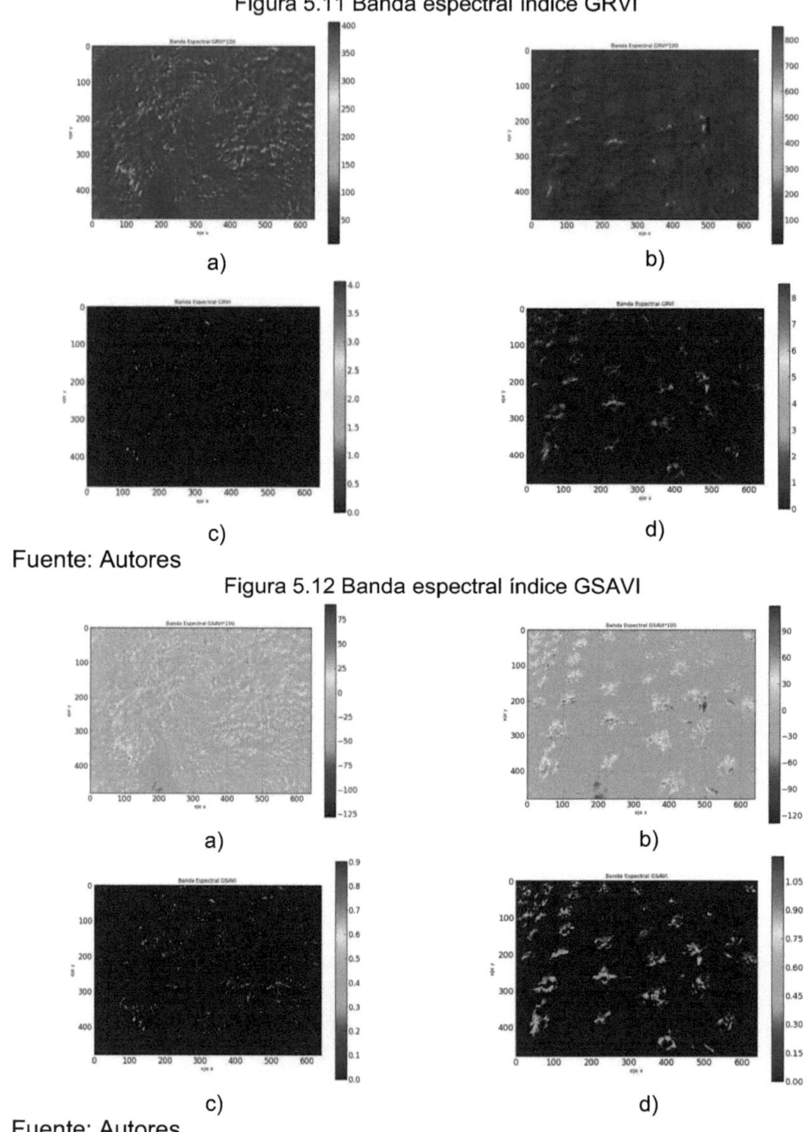

Fuente: Autores

Figura 5.12 Banda espectral índice GSAVI

Fuente: Autores

Figura 5.13 Banda espectral índice NDVI

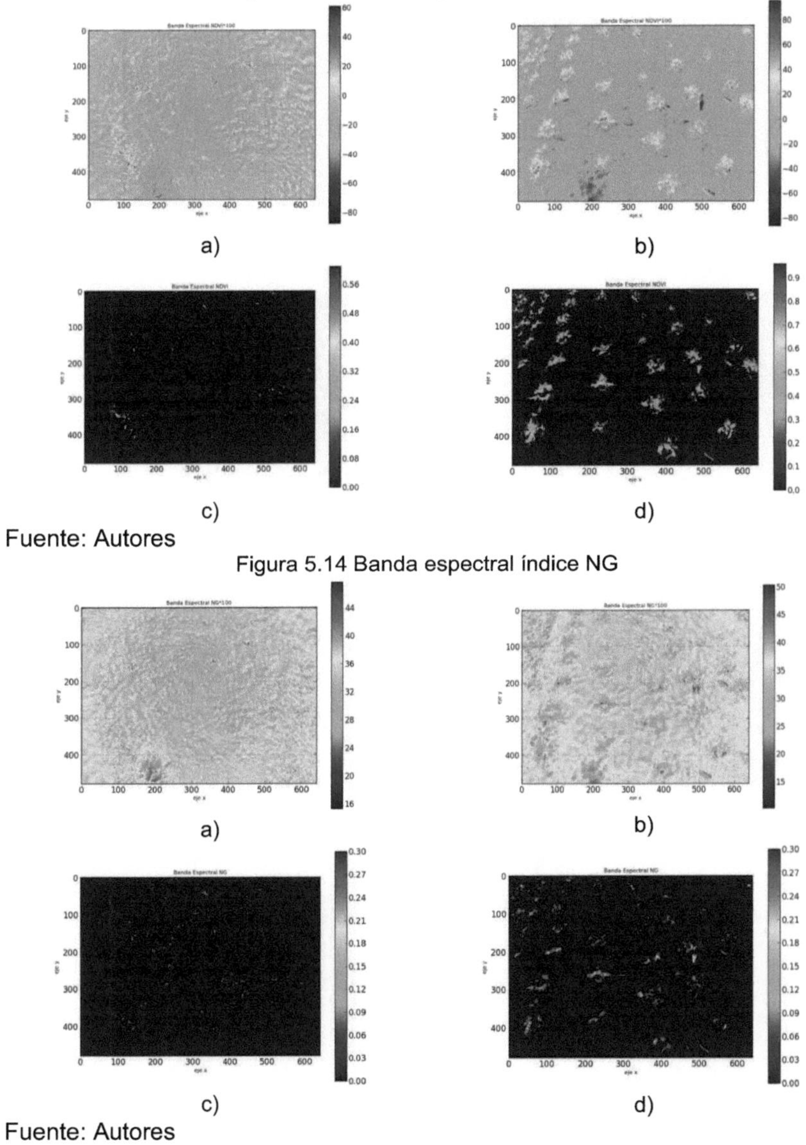

a)

b)

c)

d)

Fuente: Autores

Figura 5.14 Banda espectral índice NG

a)

b)

c)

d)

Fuente: Autores

Fuente: Autores

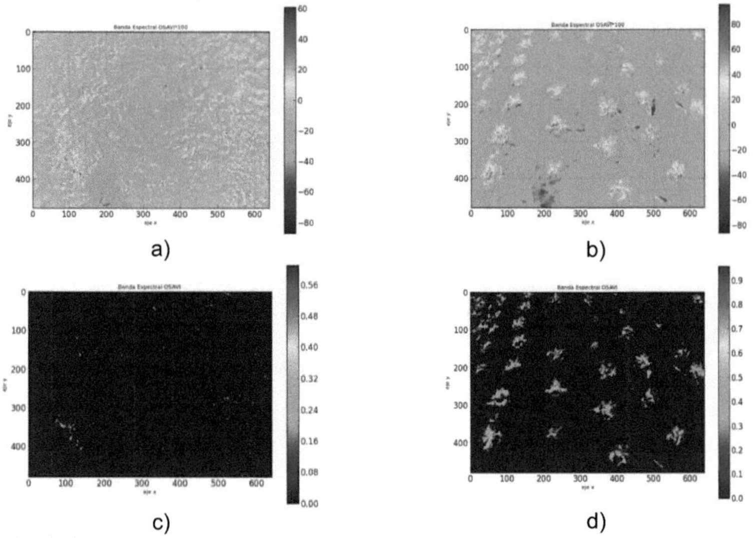

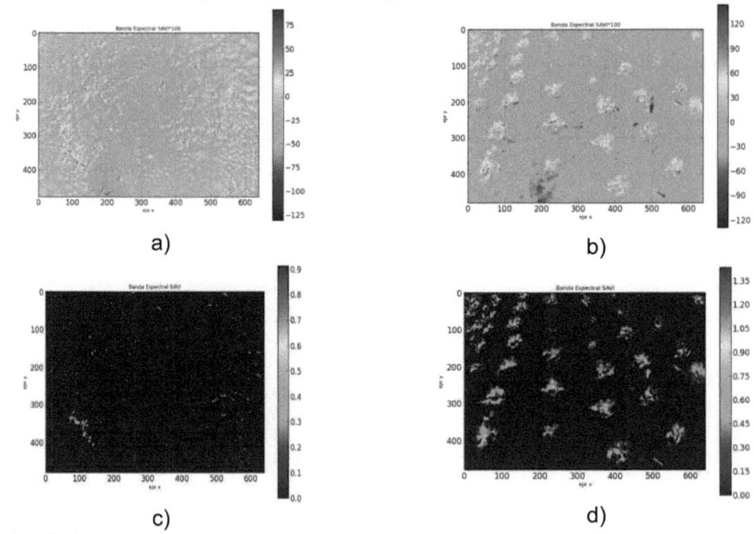

Fuente: Autores

Figura 5.17 Banda espectral índices SVI

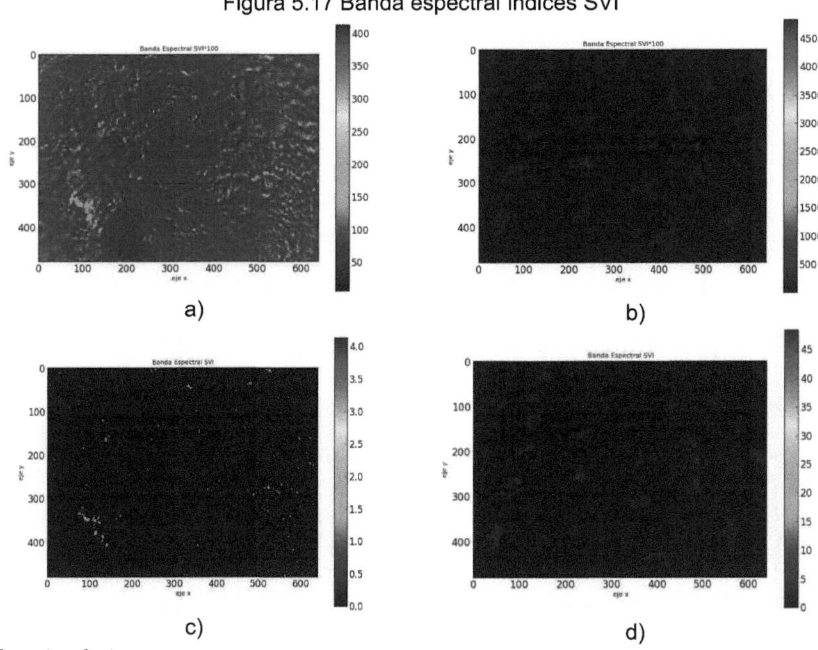

a)

b)

c)

d)

Fuente: Autores

Es importante resaltar que cada índice de vegetación está dispuesto para ciertas características geográficas del área de aplicación, es decir, aunque todos nos brindan la misma información, dependiendo el tipo de vegetación obtendremos un determinado índice que nos representara mejor sus características.

Para el caso de la parcela de lechuga seleccionada para realizar el estudio, los índices de vegetación que mejor resaltan sus características y permiten entregar observaciones adecuadas sobre la condición del cultivo son: el Índice de Vegetación Mejorado (EVI) (figura 5.18), el cual y el Índice Rojo Normalizado (NR) (figura 5.19).

Figura 5.18 Banda espectral índice EVI

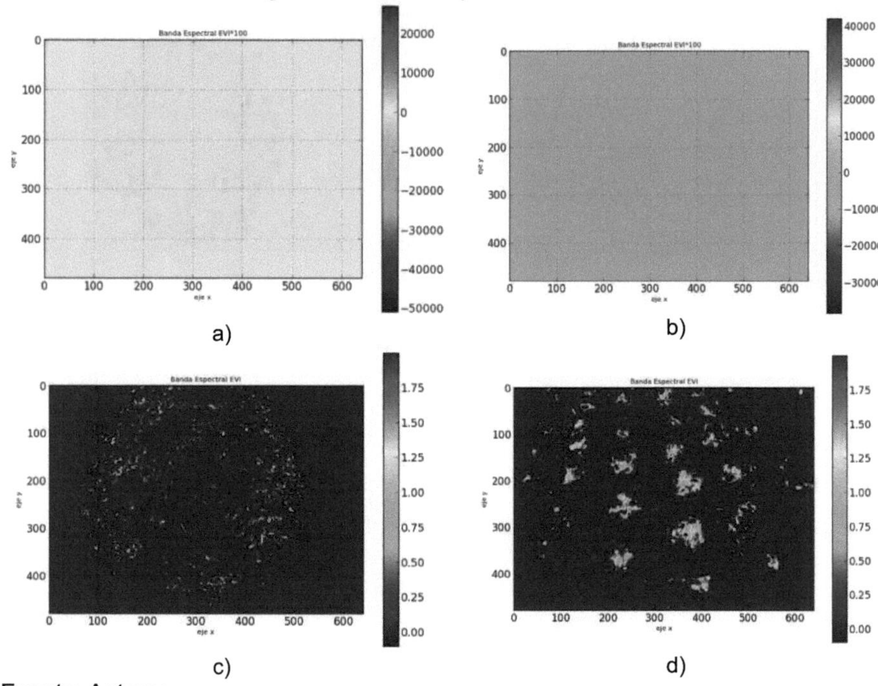

a)

b)

c)

d)

Fuente: Autores

En el Índice de Vegetación Mejorado (EVI), (figura 5.18), se observan las variaciones estructurales del dosel vegetal (figura 5.18, d), lo que permite identificar un crecimiento homogéneo en esta sección del cultivo; cada planta representa una fisonomía con un alto contenido de biomasa y buena concentración de clorofila en las hojas; en términos generales se puede inferir que el área foliar está distribuida adecuadamente, favoreciendo el crecimiento y desarrollo de cada planta.

Figura 5.19 Banda espectral índice NR

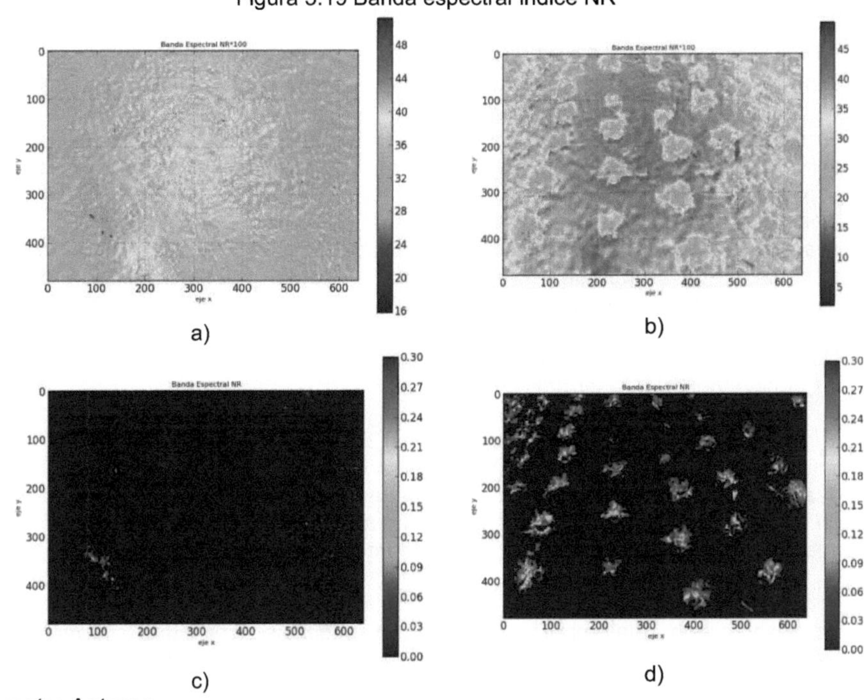

a)
b)
c)
d)

Fuente: Autores

En el Índice Rojo Normalizado (NR), se observa una fuerte concentración de radiación (figura 5.19, d) lo que indica que el cultivo se encuentra con un buen contenido de biomasa, un alto contenido de clorofila y buena cantidad de agua en las hojas, permitiendo dar un diagnostico relativo a una planta en estado de crecimiento saludable. Este índice representa una referencia para análisis futuros en el desarrollo de la cosecha ya que deja ver claramente el área foliar y resalta características que identifican adecuadamente el crecimiento de la vegetación, para este caso especifico, la lechuga.

6. CONCLUSIONES

Los beneficios en la utilización de los VANT son innumerables, iniciando porque en cualquiera de sus aplicaciones no se arriesgan vidas humanas; menor impacto ambiental tanto de contaminación (emisión menor de CO_2) como de ruido; no están sujetos a ningún tipo de necesidad ergonómica ni están limitados a las capacidades del hombre, puesto que el espacio interior puede ser usado para albergar todo tipo de sistemas de comunicación, control u operación; poseen despliegue fácil y rápido para cada misión; permiten operar en tiempo real; disminución del tiempo de entrenamiento; tienen gran maniobrabilidad y poder de acceso a sitios inaccesibles para vehículos tripulados; tiene poco peso y menor consumo de energía; el costo de mantenimiento disminuye pero existe una elevada relación entre costo y eficiencia; presenta una elevada movilidad, discreción y puede pasar desapercibido.

Entre más baja la altitud, el VANT captura imágenes de resolución espacial más alta, pero el número de imágenes necesarias para cubrir todo el campo puede ser un factor limitante debido a la energía requerida para una mayor duración de los vuelos y los requisitos computacionales para el proceso de mosaicos.

La transmisión inalámbrica requiere dispositivos con una capacidad de procesamiento elevada, sobre todo lo referente a datos emitidos por sensores de imagen, por tal motivo se debe configurar el sistema para transmitir imágenes de no muy alta resolución a la estación base y guardar una copia de respaldo de mayor resolución en la estación de campo (VANT).

En este proyecto se ha logrado integrar cinco lenguajes de programación (HTML, javaScript, nodejs, C++ y Python), que en su conjunto complementan cada herramienta del software; de igual forma a través del grupo de investigación DSP, se complementó la información referente al manejo de nuevas tecnologías (tarjeta utilizada para el sistema embebido beagleboneblack).

Se diseñó, se implementó y se puso a prueba el sistema para la adquisición de imágenes con transmisión inalámbrica a una estación base, donde se analizan los datos para realizar un diagnóstico cualitativo del estado de una unidad productiva agrícola, permitiendo inferir información precisa que conlleva a un importante ahorro económico y como si fuera poco a una reducción de la contaminación medioambiental respecto de los tratamientos no selectivos que se aplican en la actualidad.

7. RECOMENDACIONES

Realizar una corrección de las imágenes para que sin importar la posición del helicóptero, la toma de imágenes puedan ser capturadas, reconstruidas y unidas para una determinada extensión de campo (Formación de Mosaicos).

Es importante resaltar que las constantes usadas para determinar cada índice de vegetación se fundamentaron en las utilizadas por sistemas satelitales, luego es necesario continuar el estudio del procedimiento para la obtención de las constantes adecuadas para las imágenes adquiridas por las cámaras utilizadas.

Las cámaras usadas (Cámara de espectro visible y cámara NIR) para la captura de información, son de fabricantes diferentes, por tanto las características de diseño y funcionalidad varían relativamente. Se sugiere para trabajos futuros hacer uso de cámaras de características y estándares de comunicación semejantes, de un mismo fabricante, que permitan una mayor precisión en el enfoque de las imágenes.

La mayor dificultad del proyecto ha consistido en lograr integrar y acoplar los distintos sensores (cámaras, GPS, IMU, brújula, barómetro) trabajando conjuntamente en algún sistema de procesamiento, ya que por la gran cantidad de datos e información, los dispositivos comunes como: Arduino Duemilanove (ATmega368), el PIC32, el DSPIC 33FJ128MC802 entre otros, no se ajustaron a los parámetros requeridos por el sistema, siendo la principal causa de dilatación en el desarrollo del proyecto.

7.1. APORTES FUTUROS

Con el propósito de complementar el monitoreo del vuelo (sistema de telemetría) que recoge datos de vuelo pertinentes en un esquema de texto que incluye los datos del GPS (posición, latitud, altitud), del IMU (unidad de medición inercial), del magnetómetro (orientación), del barómetro (altura), así como tiempo de vuelo, nivel de la batería y la potencia del motor; se propone la realización de un software que permita la configuración de vehículos aéreos no tripulados implementando el plan de ruta (Waypoint).

El sistema embebido (Tarjeta BeagleboneBlack) contiene el software para la captura de información a través de los sensores de imagen y de posicionamiento, ya que las operaciones de procesamiento y análisis de datos se realiza en la estación base, para mejorar a futuro el proyecto se sugiere incluir todo el software de captura, análisis y procesamiento en el sistema embebido.

Las imágenes utilizadas en los experimentos fueron adquiridas bajo distintas condiciones de iluminación ambiental, con ellas se realizó todo el análisis y procesamiento para inferir los resultados obtenidos. Sin embargo la intensidad recibida por los sensores de las cámaras proviene de dos fuentes: la reflectancia y la iluminación. La reflectancia una característica intrínseca del material de los objetos, en nuestro caso las plantas, el suelo, etc., mientras que la iluminación depende de las condiciones atmosféricas al momento de la captura por ejemplo el sol, las nubes, etc.; cuando el sol está frente a la cámara la iluminación es distinta que cuando está en la parte posterior. Es evidente que los parámetros del sistema dependen de la iluminación existente en el momento y por tanto influyen en los resultados, se propone crear una técnica con el fin de eliminar el componente iluminación y solo pueda tomarse la reflectancia que podría operarse en cualquier circunstancia ambiental.

Algunos de los índices de vegetación muestran mejores características y resultados que otros, pero todos permiten cuantificar información de las plantas, este proyecto debe continuar con el patronamiento, corrección y ajuste de los valores obtenidos para casos de enfermedades, plagas, riego, nutrición y aplicación de insumos.

Los resultados de este trabajo se convierten en una base a partir de la cual pueden desarrollarse distintas aplicaciones de uso civil, en especial el monitoreo de unidades de producción agrícola; evaluación de siniestros; búsqueda y rescate; localización de recursos naturales; inspección de infraestructuras; estudios forestales; aplicaciones de seguridad y todo lo relacionado con la agricultura de precisión; ya que todas estas aplicaciones deben adaptar implementación de algoritmos similares adaptados para el manejo de este tipo de imágenes.

8. COSTOS DEL PROYECTO

Tabla 9.1 Costos del Proyecto

Descripción	Referencia	Valor Unitario ($)	Cantidad	Valor Total ($)	Fuente de financiación
Aeromodelo	Volitation 9056	724.000	1	724.000	Recursos propios
Tarjeta de desarrollo	BeagleboneBlack	137.000	1	137.000	Grupo de Investigación DSP
Cámara convencional	HD3000 Microsoft	104.000	1	104.000	Grupo de Investigación DSP
Cámara para video	CMOS 1/3" Tipo tornillo	221.000	1	221.000	Grupo de Investigación DSP
Cámara NIR	LS-Y201	455.000	1	455.000	Grupo de Investigación DSP
Unidad de medida inercial	MPU6050	76.900	1	76.900	Recursos propios
Regulador de voltaje	LM2596	14.500	1	14.500	Recursos propios
Sensor de presión y altitud	LPS331AP	37.700	1	37.700	Recursos propios
Sistema de posicionamiento Global	GPS VENUS638FLPX	175.500	2	351.000	Grupo de Investigación DSP
Antena GPS	VTGPSIA-3	45.500	2	91.000	Grupo de Investigación DSP
Conversor USB - UART	PL2303	12.500	2	25.000	Recursos propios
Capturadora de video	EasyCAP DC60	44.200	1	44.200	Recursos propios
Antena Wireless	WU8188CUS5	30.000	1	30.000	Recursos propios
HUB	SIMPLY USB 1 x 4	18.200	1	18.200	Recursos propios
Batería 7.4 V	Lipo King Max	75.000	1	75.000	Recursos propios
Batería 9.0V	GP 1604s 6F22	23.270	1	23.270	Grupo de Investigación DSP
Cable montaje	calibre 22	450	30	13.500	Recursos

protoboard	AWG, M-M				propios
Baquela	20 x 20	11.000	1	11.000	Recursos propios
Caja Contenedora ABC	15 x 8.5 x 4.5	12.500	1	12.500	Recursos propios
Computador portátil	Toshiba	1.300.000	2	2.600.000	Recursos propios
Papelería	--	450.000	1	450.000	Recursos propios
Honorarios Director	--	1.500.000	1	1.500.000	Universidad
Honorarios Tesistas	--	2.500.000	2	5.000.000	Recursos propios
Libros	Varios	18.750	8	150.000	Recursos propios
Software	--	2.000.000	1	2.000.000	Recursos propios
Desarrollo de software	--	4.500.000	1	4.500.000	Recursos propios
Equipo de Laboratorio	--	1.000.000	1	1.000.000	Recursos propios - Universidad
Salidas a Campo	--	500.000	1	500.000	Recursos propios
Gastos varios	--	300.000	1	300.000	Recursos propios
Total ($)				20.464.770	

Fuente. Autores

BIBLIOGRAFIA

[1]   R. Sugiura, T. Fukagawa, N. Noguchi, I. Kazunobu, S. Yoichi, and T. Kazunobu, "Field Information system using an agricultural helicopter towards precision farming," *IEEE / ASME*, no. International Conference on Advanced Intelligent Mecatronics (AIM), pp. 1073–1078, 2003.

[2]   R. Sugiura, N. Noguchi, and K. Ishii, "Remote-sensing Technology for Vegetation Monitoring using an Unmanned Helicopter," *Science Direct Biosystems Engineering*, vol. 90, no. Biosystems Engineering Precision Agriculture (PA) Japón, pp. 369–379, 2005.

[3]   R. Bongiovanni, "La Agricultura de precisión en la cosecha," *IDIA del INTA Manfredi Argentina*, no. 5988, pp. 1–10, 2003.

[4]   J. Riquelme, F. Soto, J. Suardíaz, and A. Iborra, "Red de Sensores Inalámbrica para Agricultura de Precisión," *Escuela Técnica Superior de Ingenieria Industrial. Universidad Politecnica de Cartagena. España*, vol. 30202, pp. 3–4, 2008.

[5]   F. Medeiros, A. Santos, M. Gonzatti, V. Oliviera, and M. Landerhal, "Utilização de um veículo aéreo não-tripulado em atividades de imageamento georeferenciado," *Ciencia Rural Santa Maria (Brasil)*, vol. 38, no. 8, pp. 6–9, 2008.

[6]   C. González, J. Sepúlveda, R. Barroso, F. Fernández, F. Pérez, and J. Lorenzo, "Sistema para la generación automática de mapas de rendimiento . Aplicación en la agricultura de precisión.," *IDESIA Chile*, vol. 29, no. 1, pp. 59–70, 2011.

[7]   X. Burgos, A. Ribeiro, A. Tellaeche, G. Pajares, and C. Fernández, "Analysis of natural images processing for the extraction of agricultural elements," *Science Direct Image and Vision Computing, España*, vol. 28, pp. 138–149, 2010.

[8]   M. Reis, R. Morais, E. Peres, C. Pereira, O. Contente, S. Soares, A. Valente, J. Baptista, P. Ferreira, and J. Bulas, "Automatic detection of bunches of grapes in natural environment from color images," *Science Direct Journal of Applied Logic, Portugal*, vol. 10, pp. 285–290, 2012.

[9]   D. J. Mulla, "Twenty five years of remote sensing in precision agriculture: Key advances and remaining knowledge gaps," *Biosystems Engineering*, vol. 114, no. 4, pp. 358–371, Apr. 2013.

[10]   (Sena/TVweb), "Unidad 1: Planeación de la producción para el cultivo intensivo de durazno," in *Agricultura de precisíon en el cultivo del durano*, G. de Innovacion, Ed. Bogota D.C: , 2009, pp. 1 –26.

[11]   S. Best, "Introducción Tecnologías aplicables en Agricultura de Precisíon," in *Tecnologías Aplicables en Agricultura de Precisión, Uso de Tecnología de precisión en evaluación, diagnóstico y solución de problemas productivos. N°3*, Serie FIA., Plataforma de Servicios de Información I+d+i, Ed. Santiago,Chile: Fundación para la Innovación Agraria FIA,Ministerio de Agricultura, 2008, pp. 9–11.

[12]   S. Best and F. Salazar, "Tecnologías asociadas a producción de frutales," in *Tecnologías Aplicables en Agricultura de Precisión, Uso de Tecnología de precisión en evaluación, diagnóstico y solución de problemas productivos. N° 3*, Serie FIA., P. de S. de I. I+d+i, Ed. Quilamapu, Chile: Fundación para la Innovación Agraria FIA,Ministerio de Agricultura, 2008, pp. 49–71.

[13]   J. Torres, F. Lopez, A. De Castro, and M. Peña, "Configuration and Specifications of an Unmanned Aerial Vehicle (UAV) for Early Site Specific Weed Management," *PLOS ONE, Cordoba España*, vol. 8, no. 3, pp. 1–16, 2013.

[14]   A. Castro, J. Peña, L. Garcia, and F. López, "Discriminación de malas hierbas crucíferas en cultivos de invierno para su aplicación en agricultura de precisión," *Teledetección: Agua y desarrollo sostenible XIII Congreso de la Asociacion Española de Teledeteccion Calatayud*, pp. 61–64, 2009.

[15]   S. Best, "Ciclo y etapas de la Agricultura de Precisión," in *Tecnologías Aplicables en Agricultura de Precisión, Uso de Tecnología de precisión en evaluación, diagnóstico y solución de problemas productivos.N°3*, Serie FIA., P. de S. de I. I+d+i, Ed. Santiago,Chile: Fundación para la Innovación Agraria FIA,Ministerio de Agricultura, 2008, pp. 34–36.

[16]   S. Best and L. Leon, "Uso de herramientas de agricultura de precisión para optimizar la rentabilidad en huertos de pomaceas," *3° Simpósio Internacional de Agricultura de Precisão*, no. 31, pp. 1–11, 2005.

[17]   S. Best, "Tecnologías asociadas a produccion de cultivos commodities," in *Tecnologías Aplicables en Agricultura de Precisión, Uso de Tecnología de precisión en evaluación, diagnóstico y solución de problemas productivos.*, Serie

FIA., P. de S. de I. I+d+i, Ed. Quilamapu, Chile: Fundación para la Innovación Agraria FIA,Ministerio de Agricultura, 2008, pp. 37–48.

[18]   M. Bragachini, A. Méndez, F. Proietti, and F. Scaramuzza, "Proyecto Agricultura de Precisión," *INTA (Proyecto Nacional Agricultura de Precisión) Actualización Tecnica 50 años*, Manfredi,Cordoba,Argentina, pp. 1–12, Jan-2006.

[19]   C. Yang, J. H. Everitt, Q. Du, B. Luo, and J. Chanussot, "Using High-Resolution Airborne and Satellite Imagery to Assess Crop Growth and Yield Variability for Precision Agriculture," *Proceedings of the IEEE*, vol. 101, no. 3, pp. 582–592, Mar. 2013.

[20]   J. Peñafel and J. Zagas, *Fundamentos del sistema gps y aplicaciones en la topografia*. Madrid,España: , 2001, pp. 1–135.

[21]   L. Casanova, "Capitulo 10 sistemas de posicionamiento global (GPS)," Venezuela: , 2001, pp. 1–13.

[22]   L. Jáuregui, "Curso básico gps," pp. 1–27, 2004.

[23]   A. Beber and A. Fernandez, "Guia para el uso de navegadores GPS comerciales," *Univeridad de San Carlos de Guatemala.Facultad de ingenieria*, no. 45168, pp. 1–106, 2005.

[24]   G. Ghio, "Sesión 11: Captura de datos , procesamiento y análisis: GPS – PDA en cartografía censal," in *Taller Reginonal de Cartografia Censal con Miras a la Ronda de Censos 2010 en Latinoamerica*, 2010.

[25]   O. Nato, "Differential GPS," in *Organizacion ORT*, vol. 21, 2005, pp. 1–18.

[26]   F. de C. E. I. y A. (FCEIA), "Posicionamiento con Código C / A," in *Gps Diferencial con código C/A*, Argentina: , 2004.

[27]   E. Bautista, J. Parra, and J. Murcia, "La industria aeronáutica en Colombia a partir del desarrollo e innovación de vehículos aéreos no tripulados (VANT)," *Perfiles Libertadores*, no. 7, pp. 34–41, 2011.

[28]   A. Barrientos, J. del Cerro, R. Gutiérrez, R. San Martín, A. Martinez, and C. Rossi, "Vehículos aéreos no tripulados para uso civil.Tecnología y aplicaciones," *Grupo de Robótica y Ciibernética.Universidad Politécnica de Madrid*, vol. 1, pp. 1–29, 2013.

[29]   P. A. Gutiérrez, J. C. Fernández, and C. Hervás, "Algoritmos de aprendizaje evolutivo y estadístico para la determinación de mapas de malas hierbas utilizando técnicas de teledetección," *II Congreso Español de Informática y IV Taller de Minería de Datos y Aprendizaje, Departamento de Informática y Análisis Numérico Universidad de Córdoba España*, pp. 239–246.

[30]   J. Manera, L. Rodriguez, C. Delrieux, and R. Coppo, "Adquisición y Procesamiento de Imágenes Aéreas para Sensado Remoto," *IEEE - CONICET*, pp. 1–9, 2009.

[31]   C. Yang, J. Everitt, and J. Bradford, "Applying linear spectral unmixing to airborne hyperspectral imagery for mapping crop yield variability," *USDA-ARK Kika de ka Garza Subtropical Agricultural Research Center, USA*, pp. 1–4, 2008.

[32]   L. Gónima and J. Durango, "Aplicaciones ambientales de imágenes digitales de satélite," *Geo Trópico GEOLAT (Universidad de Córdoba) Colombia*, vol. 3, no. 1, pp. 21–30, Jul. 2005.

[33]   N. Ortiz and U. Perez, "Imágenes aster en la discriminación de áreas de uso agrícola en colombia," *Revista Universidad Nacional Facultad de Agronomia (Medellin)*, vol. 62, no. 29, pp. 4923–4935, 2009.

[34]   L. Martínez, E. Martinez, F. Florez, G. Castellanos, A. Juárez, and M. López, "Desarrollo de una base de datos para caracterización de alfalfa (Medicago sativa L .) en un sistema de visión artificial," *Revista Internacional de Botánica experimental PYTON*, vol. 52, no. 871, Fundación Rómulo Raggio,Argentina, pp. 43–47, 2009.

[35]   J. A. de Cara Garcia, "La observación fenológica en agrometeorología," *Ambienta (Servicio de aplicaciones metereologicas I.N.M)*, pp. 64 – 70, Mar. 2006.

[36]   M. Casterad, R. López, and A. Acevedo, "Uso de técnicas SIG y teledetección en el seguimiento del cultivo de viña," *El acceso a la informacion espacial y las nuevas tecnologia geográficas, Centro de investigación y Tecnoogia Agroalimentaria de Aragón (España)*, pp. 691–698, 2005.

[37]   J. Martinez, J. Agelet, J. Arnó, C. Ramos, and X. Bordes, "Protocolo para la zonificación intraparcelaria de la viña para vendimia selectiva a partir de imágenes multiespectrales," *Revista de Teledetección(Lleida España)*, pp. 47–52, 2010.

[38]   C. . Bagnato, C. Conde, Y. . Noe, C. Caride, S. Baeza, H. Paoli, M. Vallejos, F. Gallego, L. Vale, L. Amdan, H. . Elena, M. . Texeira, J. . Mosciaro, and J. Ciuffoli L; Morales, C; Baldasini P.; Aguiar, S.; Arocena, M; Volante, J; Paruelo,

"Utilización de firmas espectrales de alta resolución temporal para la elaboración de mapas de uso agrícola y estimaciones de superficie cultivada a escala de lote en argentina y uruguay," *CONICET Argentina y Facultad de Agronomia Uruguay*, pp. 1–4, 2012.

[39] I. Grierson and J. A. Gammon, "The use of aerial imaging in kangaroo management," *IEEE*, no. 1, pp. 1446–1448, 2000.

[40] F. Rovira, Q. Zhang, and J. F. Reid, "Stereo vision three-dimensional terrain maps for precision agriculture," *Science Direct Computers and Electronics in Agriculture*, vol. 60, no. 2, pp. 133–143, Mar. 2008.

[41] H. Erives and G. J. Fitzgerald, "Automated registration of hyperspectral images for precision agriculture," *Science Direct Computers and Electronics in Agriculture*, vol. 47, no. 2, pp. 103–119, May 2005.

[42] A. M. Jensen, Y. Q. Hen, M. Mckee, T. Hardy, and S. L. Barfuss, "Aggieair - a low-cost autonomous multispectral remote sensing platform: new developments and applications," *IEEE IGARSS*, pp. 995–998, 2009.

[43] Q. Du, C. Yang, and J. H. Everitt, "Airborne Hyperspectral Image Analysis for Grain Sorghum Yield Variability Mapping," *IEEE, USA*, no. 2, pp. 2991–2993, 2005.

[44] H. Florez, D. Bacca, and G. Higuera, "Desarrollo de robot móvil de exploración dirigido mediente tranferencia de video," *Universidad Distrital Francisco Jose de Caldas (Bogotá)*, pp. 1–7, 2010.

[45] J. Conesa, R. Gottschalk, A. Ribeiro, and P. Burgos, "Método de detección visual de líneas de cultivo para el control en dirección de vehículos agrícolas," *Ministerio de Ciencias e Innovación (USA) y La Unión Europea(España)*, pp. 1–10, 2008.

[46] X. Burgos and A. Ribeiro, "Un sistema de Razonamiento Basado en Casos en el análisis de imágenes naturales," *Instituto de Automatica Indutrial. (Madrid España)*, pp. 1–6, 2008.

[47] ESA eduspace, European Space Agency (Noviembre 2013), Página Web URL:http://www.esa.int/SPECIALS/Eduspace_ES/SEM6DYD3GXF_0.html

[48] Aula Sat, Wikispace Copyright 2014 Tangient LLC (Enero 2014), Página Web URL: http://aulasat.wikispaces.com/La+firma+espectral

[49] Investea,Didactica Amb iental, Modulo Teledetección:Tema5 (Julio 2013), Web URL:http://www.didacticaambiental.com/cursos/teledeteccion/5analisis.html

[50] Universidad e Jaén, Campus Las Lagunillas España,(Julio 2013), http://www.ujaen.es/huesped/pidoceps/telav/fundespec/caracteristicas_vegetacion.html

[51]Librería Beaglebone versión libre (Septiembre 2013), Página Web URL http://www.gitlab.com/smartsilice/lib_fx

[52] IdosE, Ingeniería, informática y electrónica Madrid España, (Julio 2013), Página Web URL http://www.idose.es/sistemas-embebidos

More
Books!

OMNIScriptum

Printed by Books on Demand GmbH, Norderstedt / Germany